社会主义核心价值观 好家教成就好家风

胜在治家：
名人家风故事

祁丽珠 ◎ 主编
思杨 墨非 莫梦 ◎ 编委

SPM 南方出版传媒
全国优秀出版社
全国百佳图书出版单位
广东教育出版社
·广州·

图书在版编目（CIP）数据

胜在治家：名人家风故事 / 祁丽珠主编. —广州：广东教育出版社，2016.6（2020.10重印）

（践行社会主义核心价值观. 好家教成就好家风）

ISBN 978-7-5548-1278-5

Ⅰ. ①胜… Ⅱ. ①祁… Ⅲ. ①家庭教育 Ⅳ. ①G78

中国版本图书馆CIP数据核字（2016）第193104号

责任编辑：陈定天　蚁思妍　王晓磊
责任技编：佟长缨　刘莉敏
装帧设计：友间文化
插画绘制：广州星梦动漫设计有限公司

胜在治家：名人家风故事
SHENGZAIZHIJIA：MINGREN JIAFENG GUSHI

广东教育出版社出版发行
（广州市环市东路472号12-15楼）
邮政编码：510075
网址：http：//www.gjs.cn
广东新华发行集团股份有限公司经销
天津创先河普业印刷有限公司印刷
（天津宝坻经济开发区宝中道北侧5号5号厂房）
889毫米×1194毫米　32开本　4.125印张　106 000字
2016年6月第1版　2020年10月第4次印刷
ISBN 978-7-5548-1278-5
定价：20.00元

质量监督电话：020-87613102　邮箱：gjs-quality@gdpg.com.cn
购书咨询电话：020-87615809

本书所选用的部分文章未能与原作者（或版权持有人）取得联系，敬请与我们联系，以便奉付稿酬。

在少年心中,种下宏观梦

2014年2月24日,习近平总书记在主持中共中央政治局关于"培育和弘扬社会主义核心价值观、弘扬中华传统美德"的第十三次集体学习时发表了讲话。习近平指出,核心价值观是文化软实力的灵魂、文化软实力建设的重点,要"把培育和弘扬社会主义核心价值观作为凝魂聚气、强基固本的基础工程"。习近平的讲话,高屋建瓴,提纲挈领,一语点出了社会主义核心价值观在新时期对于我国的重要意义。

翻阅华夏近代以来的漫漫历史长卷,让人不禁沉思:我们的祖国和人民历经了无数的战火与磨难,辛酸与屈辱,却始终不曾屈服退缩,反而越战越勇,且将这种不屈不挠的精神世代相传。今天的社会主义建设事业空前繁荣,放眼未来,更是前程似锦。溯古观今,我们不禁要问:究竟是什么力量,指引着中国人民自告奋勇,为国奉献?究竟有什么魅力,让一批又一批建设者为了祖国的繁荣富强卧薪尝胆,战天斗地?到底是一种什么样的思想激励着广大建设者无悔无怨?到底是一种怎样的追求鼓舞着各位劳动者勤恳付出?

世界上唯有力量和精力是借不来的,而社会主义核心价值观的精神所在正是这一力量和精力。由此,社会主义核心价值观的重要意义就显现出来了。

梁启超在《少年中国说》中的著名论断"少年强则国强",至今仍是至理名言。而这种强,绝不仅仅是体魄强、智力强,更重要的应该是"三观强"。青少年不仅是祖国的未来,也承载了祖国的希望,只有在他们心中构建起坚定而不容撼动的世界观、人生观与价值观,才能在实现中华民族伟大复兴这一"中国梦"的征程中不受"歪门邪道"的干扰,立场坚定,斗志昂扬,一往无前。

作为一名老教育工作者,自己在深入学习社会主义核心价值观的同时,也常常思考,对于世界观、人生观与价值观尚未发展成熟的青少年而言,如何对他们进行行之有效的社会主义核心价值观的渗透和教导呢?

面对追求个性、厌烦说教、偏爱趣味性学习的青少年,一味地对他们进行空洞说教和灌输教育,往往会适得其反,得不到想要的效果。而孩子的天性喜欢听故事、讲故事,在故事中学习应该是一种收效甚好的教育方式,同时也是增进亲子关系的有效方法。

《践行社会主义核心价值观:好家教成就好家风》系列丛书正好适合孩子的生长发育特点,从孩童的兴趣出发,希望他们在阅读中能够深刻理解社会主义核心价值观对自己、对家庭乃至整个社会未来发展的重要意义。

从小培养孩子形成正确的价值观除了学校,父母也要肩负一份责任。本套丛书跳脱出以理论说教的编写模式,分别从童年故事、名人家风故事与名人家书三个角度出发,为我们的父母和孩子展现了社会主义价值观不同寻常的别样魅力。本套丛书思想深刻,理论清晰,编写结构新颖,语言通俗易懂,故事典型,可谓亲子共同学习社会主义价值观的最佳读本。

爱国主义的展现,公正社会的构建,敬业友善的奉献,社会主义核心价值观已经成为维系中国社会的繁荣与昌盛的精神纽带。在此寄语广大青少年:要努力学习,躬身实践,自觉将社会主义核心价值观内化于心,用满腔热血和才华,继承社会主义建设的伟大事业,让中华民族恒久屹立于世界民族之林!

王玉学
2016年6月

(王玉学,广东省教育厅关心下一代工作委员会主任)

目录

第一章
大国盛放和谐花

倾毕生求富强 /2
钱玄同　三世英杰齐报国 /2
霍英东　为国散财矢志不渝 /6
邓稼先　不忘父志无悔奉献 /10

重民主国运昌 /13
陈　毅　宽严相济的民主家风 /13
陈景润　用民主的方式来爱儿子 /16
李大钊　将民主精神落实到家庭 /20

讲文明人人赞 /23
丰子恺　将文明礼貌铭刻在孩子内心 /23
贺　龙　以身作则教会子女讲文明 /26
傅　雷　做人第一，文明至上 /29

塑和谐美誉扬 /33

梅兰芳　温润君子，父子宗师 /33

叶圣陶　对所有人保持最真诚的尊重 /36

汪曾祺　多年父子成兄弟 /40

第二章
社会和睦绽芳华

享自由勇前行 /46

鲁　迅　尊重幼子，任他自由成长 /46

老　舍　鼓励孩子自由发展 /49

茅　盾　巨匠来自母亲的循循善诱 /51

慕平等齐安宁 /55

黄炎培　必须喷出热血地爱人 /55

周恩来　平易近人的好总理 /58

罗荣桓　子女勿做"八旗子弟" /62

铭公正九州喜 /65

岳　飞　亲生儿子在军中也没有特权 /65

刘少奇　我的孩子也只是普通人 /68

焦裕禄　坚决不允许搞特殊 /70

思法治保太平 /73

林伯渠　不徇私情灵魂之风 /73

沈钧儒　法治先驱的"依法治家" / 77
　　曹　操　守规尚法的一代枭雄 / 80

第三章
人民友善心无瑕

爱国情铭心中 / 86
　　梁启超　寒士家风成就爱国传奇 / 86
　　戚继光　名将之家的忠魂传承 / 89
　　常香玉　爱国艺人的无悔人生 / 92

永敬业亦英雄 / 95
　　侯宝林　精益求精的艺术大师 / 95
　　李时珍　世代名医不堕济世之志 / 98
　　林则徐　坦荡勤奋临难无畏 / 101

守诚信绝不弃 / 105
　　陶行知　宁做真白丁，不做假秀才 / 105
　　彭德怀　茄子不开虚花，真人不讲假话 / 107
　　邹承鲁　探寻科学和真理重在诚信 / 111

行友善天下同 / 114
　　习仲勋　雪中送炭唯吾愿 / 114
　　莫　言　难忘母亲的宽容善良 / 117
　　范仲淹　一生为民无怨无悔 / 120

第一章 大国盛放和谐花

倾毕生求富强

钱玄同 三世英杰齐报国

钱玄同先生是我国现代著名的语言文字学家,他的爱国精神与渊博的学识在学界享有盛誉。在他的积极影响之下,从其子钱三强到其孙钱思进,钱玄同一家一脉相传,皆有作为,堪称三世英杰。而钱玄同先生甘愿为祖国奉献一切,奋发有为的精神也深深地影响了他的后代。钱家"三世英杰齐报国"的良好家风值得每一个人称赞与学习。

携子参加"五四"游行

早在新民主主义革命期间,钱玄同就是一位志在救国的闯将。从1915年起,钱玄同就先后出任了北京大学与北京师范大学的教授,拥有了殷实的生活和崇高的社会地位。但是钱玄同并没有安于现状,就此丧失报国的热情,而是为了启发民智,提升国力的目标而孜孜不倦地追求着。钱玄同在参加《新青年》的编辑工作后,为开启民智,他高擎文学革命的大旗,与另外一名知名的文学家刘半农相约,双方通过开展"笔战"的方式来调动社论战的积极性。钱玄同化名"王敬轩"给《新青年》杂志写信，故意用非常犀利的言辞来抨击文学改革，抵制白话。而刘半农则用实名予以驳斥，双方你来我往，唇枪舌剑。在二人的推动下，这次辩论引发了一场新旧文学的论战，掀起了全社会讨论新文学与思考新文化的热潮。钱玄同因此也成为五四新文化运动中的风云人物。

钱玄同深感旧社会与旧文化的种种腐朽与不公给人民带来的苦难，因此他不仅在社会活动上和旧文化展开不屈不挠的斗争，在家庭里，也经常对儿子钱三强进行民主与科学方面的教育。"对于社会要有改革的热情，时代是前进的，你们学了知识技能就要去改造社会。"为了让儿子在小的时候就可以体验到"改造社会"的不易，钱玄同在儿子年仅六岁时就带着他一起参加了五四运动的游行。父亲的言传身教在钱三强幼小的心灵里早早地播下了反帝反封建思想的种子。在父亲爱国精神的熏陶下，钱三强走上为国为民，自强不息的人生道路。

一股牛劲矢志不渝的钱三强

钱三强从小品学兼优，在中学快毕业的时候却陷入了迷惘：该往哪个方向发展呢？这时有人对钱玄同说："你是搞语言文字的专家，名气又大，应当叫三强接你的班。"然而钱玄同却不以为然，笑着回应："那要看孩子的态度和兴趣！"他对儿子的态度是：不包办，不强迫，一切顺应儿子的选择。钱玄同做的，只是教会儿子理智地规划人生。

父亲的教育对钱三强产生了深刻的影响，他很快就做出了决定，告诉父亲："爸爸，我要学工科！"钱玄同欣然同意。

后来，钱三强进入了北大预科班学习，却遇到了困难。北大预科班是全英文授课，学生在讨论和回答问题时都使用英语，而

钱三强只学过法文，因此在预科班里学起来倍感吃力。钱玄同很担心儿子会因此退缩，就时常鼓励儿子说："人的目标和理想是要靠艰苦的劳动来实现的。你是属牛的，克服困难要有一股牛劲！"

父亲的鼓励带给了钱三强巨大的动力，他告诉父亲说："爸爸，你放心，我会把牛劲使出来的。"

钱三强的"牛劲"没有白使，他迅速攻克了语言难关，如愿以偿地考取清华大学，攻读物理学专业。1937年，钱三强以优异的成绩从清华大学毕业。

在钱三强即将毕业时，学校传来一个消息：学校即将举行公费留学的选拔考试，而这一年可以出国深造的专业中有一个镭学研究方向的名额，与钱三强的专业和兴趣点正好契合。所以钱玄同鼓励儿子去应考，而钱三强也没有辜负父亲的期望，以优异的成绩获得了出国的资格。

但是，就在钱三强踌躇满志准备出国深造的前夕，钱玄同却患了重病卧床不起。这让钱三强陷入了深深的犹豫当中，父亲只有自己一个儿子，现在是出国深造，还是留下照顾父亲？他非常苦恼。而钱玄同看出了儿子的心事，告诉他说："你现在要学的东西对咱们的国家很有用，不要担心我，出国好好学习吧！一定记住，你是属牛的，要拿出一股牛劲来！"

在父亲的激励下，钱三强放下顾虑，洒泪起程，奔赴巴黎大学镭学研究所居里实验室继续深造，开始深入地研究原子核物理。而他的指导老师是镭发现者居里夫人的女儿和女婿，这两位也是业内赫赫有名的专家。

钱三强没有辜负父亲的期望，他在名师的教导下发奋学习，归国后成了一位著名的原子能专家。

让孩子学会自己走路

中华人民共和国成立后，钱三强作为优秀学者，很快便被选聘为中科院院士，成了名人。但是钱三强却并没有因此把自己视作"大腕"，而是更加严格地进行自我要求，并将这些标准延续到子女的身上。他对孩子的生活低要求，学习上却要高标准，并始终坚持用周恩来总理"活到老，学到老，改造到老"的名言教育子女，让孩子们坚持自我完善与改造，奋发向上，为祖国的繁荣与富强不懈奋斗。

钱三强和夫人何泽慧都是知名学者，拥有很高的收入，却从来不骄纵和溺爱孩子。1968年，他们的小儿子钱思进到山西绛县插队，从大城市一下子转到农村，钱思进很不习惯，生活上遇到不少困难，不堪忍受的他只得写信向父母诉苦。

钱三强在收到信后并没有心疼或者惊慌，而是回信教育儿子："你已经是大人了，不要总想着依靠父母，要学会独立生活和自己走路。"

钱思进接受了父亲的意见,开始发奋学习。插队的日子需要劳动,每天都非常疲惫,但是钱思进不管每天劳动有多累,都会坚持在小油灯下自学到深夜。

钱思进的努力没有白费,到了1972年,他获得了被推荐到清华大学化工系学习的机会。

但是钱思进更喜欢物理学,因此他请求爸爸出面替他说话,帮他转专业去学物理。但是,钱三强却不同意搞特殊,而是督促儿子努力自学考取研究生。钱思进听从父亲的教诲,更加奋发努力地考研。

1978年,钱思进终于通过考试,被录取为中国科学院理论物理研究所研究生。后来,钱思进也成了北京大学著名的物理教授。

霍英东 为国散财矢志不渝

霍英东老先生不仅是香港的商业巨头,更是爱国爱家的典范。他的一生都在为祖国的繁荣与富强而努力地付出,为国家贡献自己的力量。霍英东可谓是散尽千金犹未悔。他的长子霍震霆也在父亲的影响下,为中国体育事业的发展孜孜不倦地努力着。

香港一家老牌媒体在悼念霍英东时提到这样一句话:"爱国,就是付出,不问回报地付出!这与当今的现实有极大距离,不少人以爱国为名,计算权力和金钱的回报,见风使舵。付出,已经很稀罕了。"而这种付出,霍英东却做到了,并且一辈子都在做。

奋不顾身地爱国

早在抗美援朝战争期间,霍英东就亲自指挥货船,从深圳蛇口水路入内地,冒着被港英当局水警船管制与海盗机枪扫射的双重威胁,亲自指挥将黑铁皮、橡胶、轮胎、西药、棉花、纱布等大量"禁运"而中华人民共和国却急需的物资秘密运回内地,这些物资对国家可以说是雪中送炭。而这也成了霍英东与中华人民共和国深厚感情的开端。到了20世纪60年代,霍英东已经成为中华人民共和国的好朋友,并积极为中华人民共和国的统战工作贡献力量,帮助中方联络了冯景禧、李嘉诚、郭德胜、李兆基等诸多香港的地产巨头。

为了祖国的发展与繁荣昌盛,1984年霍英东拨出10亿港元建立了"霍英东基金会",倾力推进现代慈善事业。基金会的全部收益主要投入到中国建设及教育方面。基金会共资助了110多个建设项目,分别以投资合营、捐赠、低息贷款等方式进行。1986年,他又拨出1亿港元成立"霍英东教育基金会",资助内地教育事业。此外还成立"霍英东体育基金会"推广体育活动。2002年4月,霍英东又在澳门成立"霍英东基金会",支持澳门及内地教育、医疗、体育和文化事业发展。从1984年至今,基金会用作慈善的捐款已超过150亿港元。

广东南沙是霍英东晚年最大的投资项目,投资金额超过100

亿元，并为之投入了非常多的心血，南沙项目对联结香港、支持珠江三角洲与广东经济建设有重要贡献。而霍英东的长子霍震霆也表示，他将继续父亲未完成的事业，全力推进南沙项目，将南沙打造成内地引进香港管理和服务的平台及全世界经济发展最快最活跃的地区之一，从而更好地帮助珠江三角洲地区转型升级。

在投资的过程中，难免会遇到一些不公正待遇和矛盾争议，但是霍英东面对争议甚至是一些自己吃亏的地方都坦然以对。一位熟悉霍英东的香港记者曾说："他一心只希望项目可以顺利早点完工，不在意自己吃点亏或者受点罪。"而霍英东本人也曾经深情地表示："我本人不在故乡做生意，家乡的利润，基金会一块钱也不取！投资、捐赠，目的只有一个，就是希望国家兴旺，民族富强。"

父子齐心建设体育事业

从推进中国在国际体育组织的合法席位被恢复，到协助北京申办2000年和2008年奥运会，再到推进我国体育科研的现代化发展，霍英东在台前幕后都做了大量工作。20多年间，他单为中国体育事业的捐款就超过了5亿港元。

1980年，霍英东协助中国加入国际自行车协会。当时，很多体育国际联合组织都是由台湾省"代表"中国，而霍英东为了让中华人民共和国重回国际体育大家庭付出了大量的心血。他带着长子霍震霆积极公关，请各国代表谈判、吃饭、参观……即使是遭到台湾特工的威胁，父子俩也从来没有退让过一步。

1984年10月1日中华人民共和国成立35周年大庆典。霍英东应邀在天安门城楼上观礼。当庆典进行到群众游行阶段，刚刚从洛杉矶凯旋的中国体育健儿胸口挂着金牌从天安门城楼下走过时，一位女记者来到霍英东身边，问他有什么感想。这时，只见老先生竟然一时语塞，而眼泪却流了下来……

而中国申办奥运，则是霍英东最投入的事业之一。1993年，北京与悉尼争办千禧年的奥运主办权，霍英东为此做了大量的公关工作，并取得了很大成效，霍英东为此信心十足。

但最终的竞争结果却是北京以一票之差落败。当时霍英东年已七旬，本应历尽风雨宠辱不惊的老先生却像个孩子一样，与中国代表团抱头痛哭。他原本已经自己花钱在酒店订好了庆功宴，此时却无奈地连夜搬走。霍英东伤心地一遍遍重复着："不住了，不住了，我要走了。没脸见人了，没法交代了。"而那段日子里，老先生的家人每天都陪伴在他身旁，生怕老人出现什么意外。

第二次申办奥运会是2001年，霍英东没有参加。但当中国成功取得2008年奥运主办权的消息传来时，他兴奋地给儿子霍震霆打电话，两个人在电话里又哭又笑。此后，异常兴奋的霍英东不顾年迈与夜深，自己跑到家附近的球场上，一头扎进欢乐的人群中庆祝。

2004年雅典奥运会后，获得金牌的中国体育健儿访港，霍英东给来访的金牌选手颁发总计大约2800万港元的重奖。这是他最后比较大笔的捐献之一。近20年，中国在国际体育界的地位迅速上升，霍英东与其长子霍震霆，功不可没。

邓稼先
不忘父志无悔奉献

"两弹元勋"邓稼先是谈到中国崛起这个话题时绕不开的名字。毕业于西南联大的邓稼先是中华人民共和国两弹最重要的理论设计者之一，同时也是中国近现代原子核物理的理论奠基者，他领导了32次核试验，次次都核爆成功。原教育部部长刘西尧曾经有过一个著名的"龙头三次方"论断："中国核武器的研制，主要任务交给了二机部，二机部的龙头在九院（中国核物理研究院），九院的龙头在理论研究室，理论研究室的龙头在邓稼先。"由此可见邓稼先在中国核物理工程研究中的地位。

在父亲身边萌发爱国的热情

邓稼先从小就在担任北大哲学教授的父亲身边长大，他的父亲邓以蛰是我国现代美学的奠基人之一，更是一位坚定不移的爱国者。邓以蛰用自己的言传身教，为年幼的邓稼先埋下了爱国的种子。

邓稼先13岁时，"七七事变"爆发了，日本侵略者悍然进入了北京城，一些社会上流人士为了保全自己的身家性命，开始无

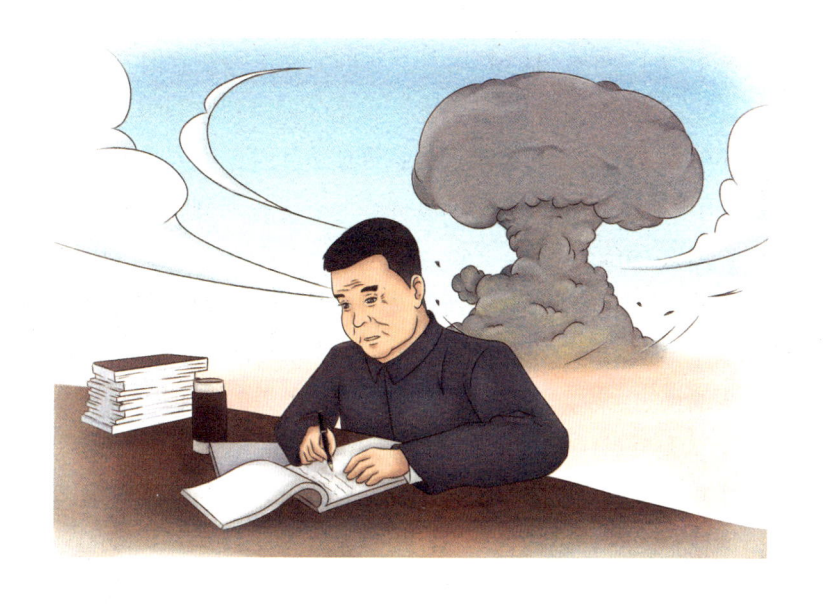

耻地为日本侵略者服务，做了汉奸。而邓以蛰却坚决不与这些人同流合污。一天，邓以蛰的一位老朋友夹着日伪政府的公文包到邓家拜访。他刚一上门，平日里对朋友一向很和气的邓以蛰就勃然大怒，声色俱厉地质问他："你到这来干什么？你在这儿不受欢迎！出去！"

朋友明白邓先生痛恨自己给日本人办事，羞愧难当的他刚想解释，邓以蛰又是一声怒吼："你出去！"朋友只好灰溜溜地离开了。

父亲后来对邓稼先说："稼儿，我们国家贫穷、落后，受人欺负，一个重要的原因就是科学技术不如人。你将来一定要学科学，只有掌握了科学，才能对国家有用啊。"父亲的一言一行深深地打动了年幼的邓稼先，也让他萌发了最朴素的爱国情怀。

为了祖国的核事业奉献终生

邓稼先在1947年的时候赴美国留学，用了不到三年的时间就获得了博士学位。1950年8月,邓稼先在美国获得博士学位九天后,便谢绝了恩师和同校好友的挽留,毅然决定回国。同年10月,邓稼先来到中国科学院近代物理研究所任研究员,并于1954年加入中国共产党。此后,邓稼先全身心地投入到物理研究的工作当中,这一忙,就是近36年。

某天,二机部副部长钱三强找到邓稼先,对他说:"现在国家要放一个'大炮仗',你愿不愿意参与?"邓稼先一下子就明白了钱部长的意思,这是共和国即将震惊世界的一个前奏。

他义无反顾地同意了。为了这项必须严格保密的工作,邓稼先回家对妻子只说自己"要调动工作",不能再照顾家庭和孩子,通信也困难,别的什么也没说。从小受爱国思想熏陶的妻子明白,丈夫肯定是要进行对国家有重大意义的工作,表示坚决支持丈夫的工作,她告诉丈夫:"你放心地去,家里边有我呢。"

从此,邓稼先的名字便在刊物和对外联络信息里消失了,他的身影只出现在戒备森严的深院里,后来又转到了自然条件严酷的大漠戈壁。他几十年如一日,忘我地开始了工作。

1964年10月,邓稼先亲手签字确定了相关设计方案,此后,我国成功爆炸了第一颗原子弹。原子弹爆炸后,他还率领研究人员迅速进入爆炸现场采样,以证实效果。

在原子弹爆炸试验取得圆满成功之后,他又和于敏等人投入对氢弹的研究,并制订了闻名中外的"邓-于方案"。按照这个方案,我国成功研制了氢弹,并在原子弹爆炸后的两年零八个月后试爆成功。同其他国家核试验的速度相比,邓稼先引领的核试验"中国速度"可以说创造了一个震惊世界的纪录。

但是,与此同时核工作带来的副作用严重腐蚀了邓稼先的健康。核弹所含的强放射性物质钚-239,是世界上第二毒的物质——据说三块水泥板都不一定能挡住它的辐射。这种物质对人体内白细胞和血小板的伤害几乎是毁灭性的，也会给人带来无法想象的放射病痛苦。所以进入80年代后，邓稼先整个人衰弱得很厉害，开始严重地脱发、乏力、发烧、贫血。最后，连最了解邓稼先的人——他的妻子都快认不出被折磨得形销骨立的他了。

很快，核放射给邓稼先带来的癌症扩散已经无法挽救了，但是，直到生命的最后一夕，邓稼先仍然忍着病痛顽强地工作着，他亲笔起草了新历史格局下中国核武器研制和发展的方向，并提出了实验室模拟核试验的详细方案。

1986年7月29日，邓稼先与世长辞，但是直到生命的最后一刻，他还在叮咛着："不要让人家把我们落得太远……"

名人名言：

各出所学，各尽所知，使国家富强不受外侮，足以自立于地球之上。——詹天佑

重民主国运昌

陈毅 宽严相济的民主家风

陈毅元帅被后人敬称为战功赫赫的元帅，纵横捭阖的外交家，才华横溢的诗人。但是也许很多人并不知道，他对家庭教育的理解也堪称榜样与楷模。在他严格而不失亲切民主的引导下，陈家子女英才辈出。

陈毅对孩子的要求极严，绝对不允许孩子们打着"元帅子女"的名义行享乐之名，当纨绔子弟。而向来主张民主的陈毅在教育孩子时也绝不会只是空口说教，而是主动做出表率，以身垂范。陈毅坚信，一件事情只有自己做到了，才有资格去要求别人。

陈毅在任上海市市长期间受到工商界人士的广泛爱戴和充分尊重，因此，有陈毅出席的活动都会得到工商界人士的高度重视。有一次，陈毅会见工商人士并发表演讲，上台后他看到讲台上装饰着名贵的鲜花和精美的茶具。这种风格是与陈毅一贯的朴素风格不相符的，但是他并不愿意黑脸拒绝，让台下热情的观众失望。因此陈毅一上台就说："我这个人讲话容易激动，激动起来容易手舞足蹈。讲桌上的这些东西要是被我碰坏，我这个供给制的市长，实在赔偿不起。所以我请求会议主持人，还是先把这些东西精兵简政，撤下去吧。"

幽默的话语逗得台下一片笑声，主办方迅速撤下了装饰物，演讲就在这种轻松而简朴的氛围中继续下去。

陈毅元帅将这种艰苦朴素的革命精神发展成了家风的一部分，而且始终以身作则，绝不骄奢淫逸贪图享乐。他要求孩子们不能有不良的嗜好，不能随便花钱，不该享受的东西不能提要求。他曾对家人约法三章：一、穿土布衣，大孩子穿了再轮给小的孩子穿；二、不坐公家的小汽车；三、办任何事情都要严格按制度来。因此他的孩子们平时上下学都和普通孩子一样骑自行车，即使是数九寒天的冰天雪地也从不例外。不仅如此，陈毅一直以来都非常低调，坚决不允许孩子到处标榜他元帅的身份。从上小学开始，陈毅的孩子们就一直按照父母的要求，在履历表"父亲"一栏里填"陈雪清"，职务"处长"。子女们深刻地体会到父母的苦心，他们明白，只有一直生活在一个与其他人平等的环境里，不受任何优待，才能真正学会尊重别人和尊重自己。

虽然陈毅对孩子们生活方面的要求十分严格，但是在学习等问题上却非常民主和自由，子女们的学业始终由他们自己选择与做主，父母不会横加干涉。陈毅只会在必要的时候给予孩子们一些建议，帮助他们合理规划自己的前途与人生。

陈毅有两间书房，一间是陈毅的办公室，存放的是《二十四史》《四库全书》《马克思主义经典著作》等成套的名人著作，这间书房陈毅一般不许孩子们随便进去。而另一间则是孩子们的图书馆，存放了各种文学艺术类的杂书，允许孩子们自由翻阅。这里的藏书成了陈毅的后代最早的启蒙读物。

陈毅从不以父辈的身份对孩子们严厉呵斥或指手画脚，他更愿意用孩子们可以接受的平和方式帮助他们成长。1961年夏天，陈毅的二儿子陈丹淮高中毕业后考入哈尔滨军事工程学院。这时正在国外开会的陈毅，想到孩子是首次只身出远门，自己理应尽父辈教诲之责，于是提笔写了《示丹淮，并告昊苏、小鲁、小珊（二首）》赠送给孩子们，并将它寄到了已去大学报到的陈丹淮手里。

这首诗没有用命令的语气指示孩子应该怎么做，而是以朗朗上口的词句和亲切平和的口吻，将做人的道理向子女娓娓道来。诗中写道："汝是党之子，革命是吾风。汝是无产者，勤俭是吾宗……勿学纨绔儿，变成白痴聋……身体要健壮，品德重谦恭。工作与学习，善始而善终……祖国如有难，汝应作前锋……"字里行间，陈毅对孩子们的殷切期待与无产阶级革命家的伟大情怀跃然纸上，深深地打动了子女们年轻而火热的心。

在这样重修养、重民主的家庭氛围中，陈毅的子女们从来没有因为学习问题让父母操过心。他们不仅生活习惯健康向上，做人做事也低调谦和。而在陈毅元帅宽松民主的家风熏陶下，孩子们也能按照个人的志趣得到全面的发展，他们有的成为了著名作家，有的继承父志成为了优秀的军人和外交官，堪称不辱父名，满门有为。

陈景润 用民主的方式来爱儿子

陈景润是我国的数学奇才，在数学研究领域硕果累累。他发表的著名论文《大偶数表为一个素数与不超过2个素数乘积之和》（即"1+2"），把"哥德巴赫猜想"的有关证明向前推进了极大的一步，引起了世界性的轰动，学术界将这一研究成果命名为"陈氏定理"。

很多人都敬仰陈景润在数学领域取得的丰功伟绩，但是很少有人知道，其实陈景润也是一位优秀的父亲。陈景润对儿子陈由伟的民主式教育非常成功，为后人家风的培养提供了很好的借鉴。

容忍孩子的淘气

陈景润主张用民主的方式来培养自己的儿子,并努力在全家塑造民主的家风。他认为,只有家庭中的每个成员都坚持民主,给予彼此最充分的尊重,才能让孩子自由自在地成长,让他的思维更具个性,能力更加突出。

陈景润的孩子名叫陈由伟,名字是陈景润起的,名字中都体现出了陈景润一直以来坚持的民主家风,体现出陈景润对自己的夫人和儿子都是一视同仁,十分重视。"陈"和"由"取自陈景润和夫人由昆各自的姓,而"伟"字则是象征着夫妇俩对儿子最殷切的期望,希望他对人类有伟大贡献。在陈景润的眼中,家庭是他生命里不可或缺的一部分。

和许多好动的小男孩一样,陈由伟从小就十分淘气,闲来无事时就喜欢拿一支笔在墙上乱写乱画,把家里搞得一团糟。但是陈景润却从不生气,只是在一旁笑呵呵地看着,他的夫人由昆看不过去想管教,陈景润还会拦着妻子。他对妻子说:"男孩子爱想爱动是好事儿,这样脑子才灵活,不要管他。"

陈由伟见父亲竟然非常纵容自己的行为,十分开心,于是更来劲了,把家里所有他感兴趣的东西都拿来拆开研究。无论是崭新的玩具,还是陈景润的计算器,都难逃他的"毒手"。尤其是那个计算器,引起了陈由伟的巨大兴趣。以前陈景润在使用计算器的时候,陈由伟总是在一旁目不转睛地看着,好奇这个东西为什么会比自己聪明那么多,算术那么快。这次得到了父亲的允许,他更开心了,拿着计算器爱不释手地摆弄,甚至把计算器的按键一个个地抠了出来。

夫人由昆看到这个情形急得直跺脚,正想呵斥儿子,却被陈景润挡住了。陈景润认为儿子这是在做研究,大人最好不要干涉。他对大人说:"孩子有好奇心是好事儿,他拆东西是求知欲的表现,我们当父母的应该支持。"

不强迫不命令的民主教子方式

陈景润热衷于用民主的方式教育孩子,从不用强迫和命令的手段来要求孩子接受自己的意见。他更希望和孩子成为朋友,通过对儿子引导和建议,培养孩子的个性。而陈景润也认为,孩子有个性才能成才。

因此,陈景润主张父母应当和孩子交朋友。儿子上小学后,对一切都感觉非常新鲜,常常兴高采烈地跟陈景润谈起自己在学校的经历,无论是学习、劳动、交往,甚至是老师今天又表扬或者批评了谁谁,他都要兴高采烈地跟父亲汇报一番。陈景润每次都听得很认真,然后站在儿子的立场上当参谋,或表扬或纠正。很快,他就获得了孩子的信任,和儿子成了无话不谈的好朋友。

每次儿子写作业的时候，陈景润都会问："除了这种方法，你还知不知道其他的解题方法呢？"最初的时候，儿子会说："老师只教了我们这一种解题方法。"而陈景润就会鼓励他："那没关系的，把这种方法写上，再想想其他的方法。"这种拓展思维的方式，对陈由伟启发很大。渐渐地陈由伟也养成了思考的习惯，无论在学习上，还是生活中，他都会用这样的思维方式来思考问题——除了这种方法，还有其他的方法吗？

在父亲的引导和培养下，陈由伟变得更加聪明开朗，喜欢和同学们一起探讨各种解题方法。因为头脑灵活，思维敏捷，他被同学们称为"小诸葛"。

陈景润曾有意识地培养儿子对数学的兴趣，希望将来他能接自己的班，但是后来他发现儿子对音乐更感兴趣。虽然这让陈景润感到有些失望，但他依然热心地鼓励儿子去学自己喜欢的东西。

在陈景润的支持下，陈由伟报名参加了中央音乐学院的小号班，学吹小号。

然而陈景润对儿子的尊重终究还是换来了回报。陈景润在1996年不幸去世，7年后，22岁的陈由伟出国留学，在加拿大多伦多攻读国际商贸专业。没过多久，陈由伟为了完成父亲未竟的事业，主动转到了应用数学系。

陈由伟在转到数学系后刻苦攻读，又考上了研究生。在探索数学研究的道路上，他终究继承了父亲的事业。他说："我是陈景润的儿子，我就应该子承父业，去学数学。"

李大钊 将民主精神落实到家庭

> 李大钊是我国共产主义运动的先驱，更是中国共产党的重要创始人之一，他为马克思主义在我国的发展做出了巨大的贡献。而作为我国民主精神的重要拓荒者，李大钊对民主的追求并不只是挂在嘴上，而是落实到了自己的家庭当中。

尊重妻子相敬相爱

在旧中国的传统观念里，妇女地位低下，在家庭中往往是男人的附属品。李大钊坚决反对这种陋习，他主张在婚姻与社会地位中都给予妇女充分的尊重。

早在五四时期，李大钊就关注妇女解放问题。因为他认为，如果妇女不解放，社会就成了一个"半身不遂"的社会。他的许多文章都为妇女解放运动指明了方向。而他对妇女的尊重，不仅在理论上，更在他对身边女性的真诚关怀和爱护上。

李大钊的妻子赵纫兰是一位典型的"旧中国"式妻子，不仅比李大钊年长六岁，还裹着小脚。但是李大钊对她始终敬爱，不离不弃。不同于一些心口不一的旧文人，李大钊坚决主张一夫一妻制，而且将这一观念落到了实处。

二十世纪一二十年代，封建思想与各种新思潮激烈冲突，社会的婚姻观变得非常混乱。但是李大钊却用自己的实际行动为

"一夫一妻"制做出了表率。留学归来后的李大钊担任了北京大学的教授，成了一位文坛名流。这时，裹着小脚还年长李大钊很多的赵纫兰就显得与李大钊十分不般配。这时很多人劝李大钊将此糟糠之妻下堂，换个年轻漂亮的新配偶，而他断然不肯，夫妻俩依旧相敬相爱。李大钊在日常生活中经常会征求妻子的意见，让妻子真正成为家庭的主人。这种行为受到了社会的认可，当时社会上虽然有不少军阀政客和反动文人仇视李大钊，但是李大钊的个人道德确实无可厚非，广受尊重。

与此同时，李大钊还非常注重保护妇女的权益，在他的直接领导下，1925年3月8日，中国妇女第一次拥有了属于自己的节日。这是一个值得纪念与庆祝的日子，李大钊召集了党的妇女干部，多次研究反复协调，精心安排了一次纪念活动。李大钊不仅亲自参加了这个有意义的集会，还把自己的大女儿星华也带到了活动现场。

当天，李大钊特别兴奋。晚上，他把妻子和女儿叫到一起，详细地给她们介绍了三八妇女节的来历和意义，他告诉妻女，今天是中国妇女第一次纪念自己的节日，意义非比寻常。他深情地摸着女儿的头说："你们这一代与你们的母亲相比好多了，但是离妇女的彻底解放还差得远呢！你们要好好努力，让将来的女孩子比你们今天的境遇更好啊！"

尊重孩子绝不溺爱

对待孩子，李大钊也一向主张尊重孩子，从他们自己的特点出发，听取他们的诉求，寓教于乐，循循善诱，生动活泼，从不乱摆父亲的架子，更不打骂孩子，塑造出了民主和谐的家风。

有一年冬天，北京城雪花纷飞，全城一派银装素裹的景象。李大钊对孩子们说："雪下大了，去院子里扫雪玩吧。你们要是玩得高兴，堆个大雪人也好。如果有兴趣，你们还可以借雪吟诗，这可比我小时候只能隔窗望雪作诗要好得多啊！"

孩子们听了，一阵欢呼雀跃，蜂拥争抢着拿扫帚出门。这时候孩子们的外祖母和母亲看到这个景象，连忙跑过来阻止。外祖母着急地说："外面太冷，冻坏了孩子们怎么办？"

李大钊笑着阻止了岳母和妻子："孩子们应当从小养成吃苦的习惯，免得长大了什么也不会做。何况人只有经常运动锻炼，身体才会越来越棒。扫扫雪怎么会冻坏身体呢？待在屋里不动弹，会越来越弱不禁风的。"李大钊说完，就带着儿女出了门。他一边扫雪，一边给孩子们讲故事，干得热火朝天。

李大钊从来不会以父亲的身份强压自己的儿女，而是充分理解儿女们的感受，把他们当成"小大人"。有一年夏天，李大钊从北京回家，给女儿和儿子每人买回一包礼物——里边全都是笔、墨、仿格纸等义具。

孩子们接到礼物后非常高兴，立即开始摆开架势写字。在写的过程中，李大钊的小女儿因为是第一次临帖写大字，所以不管怎么写都不成样子，急得小脸通红。她写了几笔后就写不下去了，扔下笔就偷偷躲到后院，抹起了眼泪。

李大钊的妻子看见女儿在哭，正准备过去问个究竟，被李大钊拦住了。他说："我记得一本什么书上写着，一个很可爱的小女孩，一不留神，用小刀划破了自己的手指。这个小女孩立即把伤口包扎好，谁也不让看见。这是女孩子的一种好胜心，不是坏事儿，别干预她。"

李大钊尊重孩子的好胜心，不希望妻子太过介入孩子的心情，只是偷偷地关注着女儿的状态。过了一会儿，他见女儿的心情慢慢平静下来，不再流泪了，就把她从后院叫了回来。

李大钊让女儿坐下，指着女儿写的字说："字写得很好，可是还不太整齐，但是要是天天耐心练习，就一定会写好的。你看哥哥写得也不整齐，可是他沉得住气。写大字是需要耐性的，慢慢来才能把字写好。"

父亲的话给了小女儿很大启发，同时也使她认清自己爱急躁的缺点。从此，女儿不仅耐心练习写大字，而且有意识地改正缺点，养成了沉着冷静的好习惯。

名人名言：
民主制度，天下之公理。——梁启超

讲文明人人赞

丰子恺 将文明礼貌铭刻在孩子内心

丰子恺对孩子的爱是出了名的，他的很多漫画都表现了孩子们的童真与童趣。但是丰子恺对孩子的爱也是建立在严格家教的基础之上的，他不希望把孩子培养成粗鲁而没有礼貌的人。因此，关于"文明"和"礼貌"的教育始终是丰子恺家风中重要的组成部分。

丰子恺是著名的漫画家与散文家，在业内享有崇高的声誉，因此他的家里经常有客人来访。而丰子恺总会借着家中有客人到访的机会向孩子们传授待客之道。每逢家里有客人来的时候，丰子恺都会耐心地告诉孩子们："客人来了，要热情招待，客人坐下时要主动给客人倒茶，客人吃饭时要时时留心他的饭碗，及时为他添饭，而且一定要双手捧上，不能用一只手。如果用一只手给客人端茶、送饭，就好像是皇上给臣子赏赐，或是像对乞丐布施，又好像是父母给小孩子喝水、吃饭。这是非常不恭敬的。"孩子们把父亲的教诲深深地印在了心里，热情而礼貌地接待每一位到访的客人，给来访的长辈们留下了非常美好的印象，很多客人都对丰子恺的孩子们赞不绝口。

因此，很多客人再去丰子恺家中做客的时候，就会有意识地给这些懂事的孩子们带一些小礼品。面对这种情况，丰子恺同样不会放过教育孩子的机会，他对孩子们说："要是客人送你们什么礼物，可以收下，但你们接的时候，要躬身双手去接。躬身，

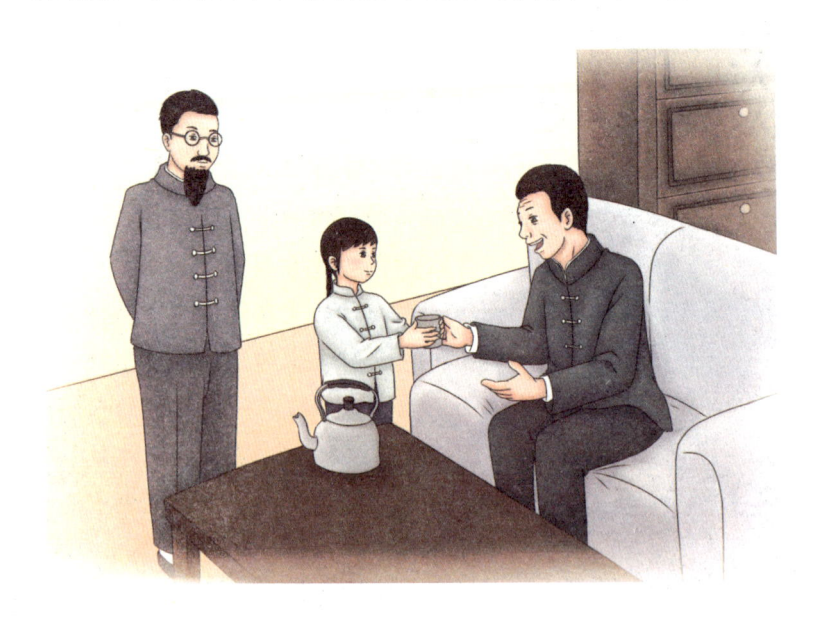

表示谢意；双手，表示敬意。"孩子们同样也把父亲的这一教诲铭记在心。

有一次，丰子恺在一家饭馆里宴请一位远道而来的朋友，并把几个年岁稍长的孩子也带去作陪。孩子们在吃饭时谨遵父亲的教诲，懂礼貌而守规矩。但是当孩子们率先吃完饭，在等待客人的时候，有的孩子就等得有些不耐烦了，嘟囔着为什么不可以回家。

丰子恺听到了这种小声地抱怨，却并没有大声制止，只是悄悄地告诉他们不能急着回家。在送走客人以后，丰子恺对孩子们说："我们家请客，我们全家人都是主人，你们几个小孩子也是主人。主人比客人先走，那是对客人不尊敬，就好像嫌人家客人吃得多，这很不好。我不希望你们下次再这样做。"孩子们听了，都很不好意思地低头认错。

丰子恺的女儿丰陈宝从小受到父亲的熏陶，非常守规矩，但是内向的她很害怕和生人见面。因此，在客人面前总是一副不敢说话的样子，显得不太懂礼貌。丰子恺觉得，小陈宝之所以这样，恐怕是因为她平时很少接触生人，缺乏见识和这方面的锻炼。于是，丰子恺就利用一些外出的机会，带着小陈宝出去和生人结交，并让她做一些力所能及的工作。

又有一次，丰子恺到上海为开明书店做一些编辑工作，把小陈宝也带去了。那时，小陈宝十三四岁，已经能帮父亲做一些抄写和剪贴的工作了。丰子恺希望通过这个机会为女儿提供一个接触生人的机会。一天，书店里来了一位陈宝不认识的客人，丰子恺热情地招呼客人聊天。当客人跟丰子恺说完话，要告辞的时候，转身看到了小陈宝，就特地转过身来与小陈宝打招呼。

但是怕生的小陈宝一下子没有反应过来，一时间，不知道如何是好，竟没有任何反应，傻呆呆地愣在那里，像个木头人似的。客人见到她的样子，也只好无奈地笑笑，向父女二人告别。

在送走客人以后，丰子恺把小陈宝叫到身边耐心地教她："刚才，那位叔叔跟你打招呼告别，你可不能不理睬人家。孩子你要记住，客人向你问好的时候，你要用敬称向人家问好；人家跟你说再见，你也要说再见。把这个记在脑子里，别人就会更喜欢你了。"

在丰子恺有意识的锻炼下，小陈宝慢慢摆脱了害羞怕生的毛病。

丰子恺的每个孩子都被父亲教育得懂规矩，讲礼貌，这种素质让他们受用终生，长大后他们也都成了事业有成的人。

（节选改编自《山西日报》）

贺龙
以身作则教会子女讲文明

贺龙元帅戎马一生，把毕生的精力和心血都奉献给了党和人民。在战争年代里，他为人民的解放事业历尽艰险，百折不挠；而在和平时期，他为社会主义建设，呕心沥血，鞠躬尽瘁。而贺帅深知教育好子女的重要性，只有让自己的儿女继承自己的精神与风骨，才能使建设中国特色社会主义的伟大使命世代相传。所以贺龙元帅非常重视对子女的教育，尤其重视对子女们文明言行的教育，给他们定下了非常多的规矩。

饭桌上的严格家教

对于中国的家庭而言，一个最为重要的交流场合就是餐桌，很多父母对子女的启蒙教育都是从餐桌上开始的。而贺龙元帅也非常重视在餐桌上对子女们进行教育，并以身作则，用自己的言行来引导子女的文明。

据贺龙的女儿贺晓明回忆，贺龙元帅在中华人民共和国成立以后，每天都忙于工作，为国为民日夜操劳，他与儿女交流最多的地点也是在饭桌上。贺龙元帅是农民出身，一直以来都主张艰苦朴素，并要求自己的子女也严格按照艰苦朴素的作风来约束自身的言行。

贺龙最常向子女们强调的一句话就是："一粒粮食一粒汗，要懂得去珍惜。"他从节约一粒米这样最基本的细节做起，培养子女的良好生活习惯与文明生活风气。每次吃饭，贺龙都不允许孩子们的碗里有饭粒或者剩菜，而贺龙自己也始终坚持着这样的习惯。类似这样的规矩还有很多，贺晓明回忆说："（父亲要求我们）桌子上不要掉米粒，吃饭的时候也不能连饭带菜夹一大堆，抱着碗猛吃，要慢慢吃。嘴巴里有饭的时候别说话。"而在吃完饭以后，贺龙要求子女们把自己用过的碗和筷子送到厨房洗干净，再收好放到旁边，并把这个行为当作家规来严格执行。当时家里有工作人员做这些事情，本来子女们完全可以不做这些家务，但是，贺龙还是要求他们这样做。

贺晓明长大以后理解了贺龙的良苦用心：细节决定成败，吃饭会把一个人的性格与修养充分地体现出来。自私而缺乏家教的人会在饭桌上不顾别人的感受，暴露出很多不文明的行为，比如说占着一个好菜吃个不停,在菜里边翻来翻去或是浪费饭菜。而有修养讲文明的人就会谦虚地让着别人。

贺龙的生活态度与言谈举止深深地影响了自己的子女,孩子们从父亲身上学到了许多,而贺龙在饭桌上表现出的好客待人、谦逊恭让、勤俭节约等基本礼仪和优良品质,使孩子们受益一生。

做人要有精气神

贺龙做了一辈子军人,非常推崇军人英姿不凡、挺拔坚毅的气质,因此他非常注重培养孩子们的"精气神",希望孩子们可以像军人一样英武、勇敢、勤劳。所以贺帅非常注重从各个方面打造孩子们坚毅的气质和飒爽的言行。

贺晓明回忆说,自己小的时候走路腰挺不直,这让父亲很不满,认为这是"没有精气神"的表现。为了纠正女儿的毛病,贺龙责令贺晓明每天都要靠墙站立一小时纠正站姿。最开始的时候贺晓明感觉很累,但是父亲严令她必须坚持。经过父亲的严格矫正,贺晓明直到晚年还保持着走路腰板笔直的好习惯,精神矍铄、气度不凡。

贺龙非常喜欢游泳,他也经常带孩子们去游泳,并担任他们的游泳教练。和其他教练不同的是,贺帅并不看重孩子们游泳的技术是否精湛、姿势是否优美,他甚至不在意孩子们游泳的速度,他看重的是孩子们那种即使水性不佳也仍然敢纵身入水的勇气。他鼓励孩子们无所畏惧地跳进水中,积极地去冒险与尝试。

贺龙的儿子贺鹏飞在中学读书时,有一次踢足球摔伤了腿,石膏绷带尚未去掉,贺龙就要他拄着拐杖去上学。贺龙身边的工作人员为鹏飞求情,贺龙十分严肃地说:"不要这么娇气,要坚持。打仗的时候,不管是谁负了伤,都得一样地执行任务。"因此,贺鹏飞没有要求"特权",而是咬着牙拄着拐杖去上学了。

正是贺龙这种严格的教育方式,才培养了他们顽强的心理素质,增强了他们独立生活的能力,使得子女们成为信心坚定、精神顽强的人。

(摘自《帅府家风》,有改写)

傅雷 做人第一,文明至上

傅雷是我国著名的翻译家,而他的儿子傅聪则是享誉国际的钢琴家。但是,出乎很多人意料的是,傅雷教育孩子的第一原则并不是成才,而是做人。傅雷在塑造儿子人品方面耗费的精力更多,他立身处世的原则就是要做一个"高尚的人"。傅雷也用这一原则教育傅聪,他经常会叮嘱儿子:"你要永远记住这四句话——第一,做人;第二,做艺术家;第三,做音乐家;最后才是钢琴家。"

让孩子更接近高素质的大人

傅雷是知名的翻译家，更是有名的雅士，因此和他打交道的人也都是一些品位高雅、道德高尚的人。傅雷好客，因此他家中经常是高朋满座，朋友们聚在一起谈文学艺术，论人生哲理，当真是"谈笑有鸿儒，往来无白丁"。而傅聪和他的弟弟傅敏虽然年幼，却十分好奇，总是愿意挤在大人中间听他们谈话，时不时还想表现自己。

最初的时候，傅雷认为傅聪和他的弟弟傅敏年纪小，不懂事，怕他们干扰了客人们雅谈的兴致，就不允许两个儿子在场，更严禁他们插嘴。但是傅聪和傅敏却并没有死心，大人越是不让听，他们就越是想听。在傅雷明令禁止他们俩旁听后，兄弟俩就躲到暗处，照样乐滋滋地偷听大人谈话的内容。

有一次，画家刘海粟上门拜访傅雷，与傅雷在书房内鉴赏藏画，两人之间免不了一番高谈阔论。畅谈了片刻，傅雷忽然要去

外间取东西，打开门后竟看见傅聪带着傅敏趴在门口，正偷听得入神。

孩子的好奇心引发了傅雷的深刻思考，傅雷忽然意识到，接纳孩子参与大人谈话，有弊但更有利。一方面，让小孩听大人论事，可以让孩子早点接触更多的人生知识与哲理，促使孩子早慧；另一方面，这些高雅之人的言谈举止也可以在无形中影响孩子的性格与人品。这些思索让他的心情久久不能平静。于是，在孩子们稍稍长大一些之后，傅雷就允许傅聪和傅敏旁听大人的谈话了。

尊重社会上的每一个人

很多人在拥有了显赫的社会地位后会变得飘飘然起来，容易习惯性地对一些地位相对不如自己的人颐指气使。但是傅雷一生都对遇到的每一个人非常尊重，这种谦和与礼貌也深深地影响到了傅聪。

有一年冬天，上海开了一家钢琴馆，此时的傅聪已经在钢琴方面小有所成了，为了让儿子取得长足进步，傅雷便带着傅聪去这家钢琴馆学琴。谁知，由于琴馆所在的地方非常偏僻，加上天降大雨，父子俩一路颠簸，临近深夜才找到琴馆。奔波了一天，父子俩又累又饿，把一切安顿好后就立即去街上找饭馆。

但是，时间已晚，加上天气寒冷，很多饭店都已经早早地打烊了。父子俩在寒风中走了很久，最后才在一个街道的转角处找到了一家还在营业的火锅店。但是令他们没有想到的是，这个火锅店宾客盈门，人声鼎沸，所有的伙计都忙得不可开交，等候良久，竟然没人理会他们。

傅聪等得实在不耐烦了，拍着桌子喊道："伙计，你们怎么搞的，还不给我们上壶热茶？"

话音刚落，傅雷就赶忙劝道："茶壶就在邻桌，我们自己动手就行了，不必给别人添乱了。"说着，傅雷就站起身要去提茶壶。

傅聪感到非常不解，拉住父亲的手说："我们是顾客，他们伺候我们天经地义啊！我们没必要动手吧？"

傅雷摇摇头，回答儿子说："你的想法不对。难道就因为我们在这里吃了一顿饭，就要人家把我们当上帝一样伺候吗？其实不然。你想想，今天已经很晚了，天气又冷，附近其他吃饭的地方都打烊关门了，如果他们也打烊了，我们还不知道在寒风中要走多久，甚至今晚还要饿肚子。所以，我们应该感谢这里才对。他们这么忙，我们也应当体谅他们。"

傅聪听完父亲的话，惭愧不已。

傅雷继续说道："孩子，不管将来你成为怎样的艺术家，都要记得，做人第一，其次才是做艺术家。还有不管你将来的身份怎样、地位怎样，与人相处，都不要站在利益的高度上去俯瞰人性，要学会站在对方的角度思考问题，多给他人一点温情。这不仅仅能体现你对他人的体谅和尊重，更是你有素质的一种表现。"

后来，正是凭借父亲傅雷的教诲，傅聪前往波兰学习，最终功成名就。

名人名言：

人无礼则不立，事无礼则不成，国无礼则不宁。——荀子

塑和谐美誉扬

梅兰芳 温润君子,父子宗师

梅兰芳先生是我国京剧宗师级的艺术家,他开创了京剧的著名流派,世称"梅派",同时他的表演体系也成为了世界三大著名表演体系之一。而更为人称道的是,他的儿子梅葆玖完美地继承了他的衣钵,也成为了一位京剧大师,"一门父子双宗师"的故事堪称传世佳话。而梅葆玖的成功,与梅先生温润耐心的言传身教是分不开的。

梅葆玖是梅兰芳的小儿子,自幼心灵手巧,嗓音扮相俱佳,是梅兰芳最疼爱的孩子,可以说极具艺术家的潜质。长辈们一致认定,梅葆玖可以成为继承梅兰芳艺术衣钵的最佳传人。但是,梅兰芳对此并不心急,没有急于求成地逼着儿子从小跟他学习京剧表演。梅葆玖大学毕业之前,他顺着儿子的心愿让他自由去做喜欢的事情。直到梅葆玖大学毕业后,才允许他自愿随剧团学艺。而正是这种宽容和尊重,让梅葆玖成了极有修养和独特魅力的表演艺术家。

梅兰芳先生温润谦和,从来不以"大师"的身份自居,他不希望自己的孩子被京剧大师的名声所扰,变得不思进取或者轻薄

狂妄。同时,他也不希望自己的孩子依着世俗的要求,变成"第二个梅兰芳"。他尊重所有不同的艺术流派,主张梅葆玖多拜师傅,广泛学习。

因此,为了给孩子打好基本功,梅先生很是下了一番功夫,他发动自己在京剧界的人脉,为儿子请了王幼卿先生传授青衣戏,昆曲名家朱传茗先生传授昆腔戏,陶玉芝先生教武旦戏。后来又请了很多京剧界赫赫有名的大师为儿子扎牢各方面的基础。而梅兰芳自己则将"梅派"的表演理论精髓对儿子倾囊相授。

梅葆玖天资聪颖,学艺很快,很快就受到了长辈们的赞扬。但是为了不让这个最小的儿子产生自满情绪,梅兰芳几乎从不当众称赞他,最多也就是说:"这孩子有点小聪明,可是功夫不太够。"这种低调而谦和的作风对梅葆玖产生了深刻的影响。但是,梅兰芳在对孩子严格要求,不允许孩子骄傲自满的同时,他却也是最重视孩子自尊心的那个人。当孩子在公众面前犯错时,他不会当众指责孩子,为孩子留足在公众面前的"面子",但是在此之后他依然会认真地向梅葆玖指出错误所在,并帮助孩子去改正。

有一次,梅葆玖和父亲同台演出,梅葆玖在表演时一不小心做错了动作,当时他非常紧张,生怕把戏演砸。但是梅兰芳先生却不动声色,运用自己宗师级的表演技巧,配合着梅葆玖把这个错误轻描淡写地遮了过去,观众们没有任何人看到这折戏出了岔子。下台后,梅兰芳并没有责骂儿子,而是把儿子叫到身边,把整个戏重新过了一遍,认真地分析儿子错在什么地方,为什么会错,并告诉儿子怎样做才可以避免这种错误再发生,还向儿子传授了一些救场的技巧。这种温和而不失严谨的教育方式让梅葆玖大为感动,更是增强了他对京剧表演事业的热爱。

在教育子女时,梅兰芳向来主张"只劝导,不责骂",他以身作则,言传身教,积极地向子女灌输一系列为人处世的道理。梅葆玖后来回忆说:"父亲在教育我们这些孩子时,从来不会大发雷霆,而是始终很和蔼稳重。他生气的时候会很严肃,但永远都是以理服人,婉言开导。"

梅兰芳先生对儿子的要求事实上比一般的学生或演员更加严格,但是这种严格却是建立在平和的基础之上,循循善诱,耐心指点,启发儿子自己思考。如果有一个动作儿子做得不好,他会寻找若干个角度来启发儿子,然后叮嘱儿子多练多想,他只要看到结果就好了。梅先生不主张反复锤炼同一个动作,他认为那样会使人产生畏难或者不耐烦的情绪。

1950年10月,梅兰芳和梅葆玖在天津中国大戏院出演《白蛇传》的经典曲目《金山寺》和《断桥》,父子俩分饰白蛇与青蛇。梅葆玖有些紧张,因为在此之前,他并没有和父亲一起表演过这两出戏,而这两出戏他更是分别习自两位不同的老师,他担心自己的身段与父亲不同会影响舞台效果。因此表演前有热心的同行建议梅葆玖跟父亲临时沟通一下，按照他的路子演。

忐忑不安的梅葆玖去征求父亲的意见，但是梅兰芳对此却不以为然。他对儿子说："不用犹豫，按师傅教的来就行，他怎么教，你就怎么演。临时变动可能不保险，你心里没谱的话可能反而更不自然。"梅葆玖听从了父亲的建议，结果演出大获成功。

梅葆玖后来回忆说："我跟着父亲学戏，他对我的要求是多学、多练、多演。那个阶段，无论攻什么角色的老师教我，无论这个老师教我什么戏，教得怎样，父亲都不会干涉我，也从来不让我改动一个字。我今天在舞台上唱念做打，看着还比较自如，我想主要还是得益于父亲对我宽容的指导，以至于我获得了那么多好老师的指点，打下了好的基本功。"

叶圣陶 对所有人保持最真诚的尊重

叶圣陶是我国著名的作家、教育家与出版家，他在教育工作方面取得的成就受到了很多人的敬慕。叶圣陶的教育理念不仅运用到学校教育之中，他在家庭教育方面的很多作为同样值得我们学习。

尊重是家庭教育的基础

叶圣陶对社会上的每一个人都保持着最真诚的尊重，这种尊重贯穿在他生活的各个方面。他会称呼《多收了三五斗》中粜米的农民为"旧毡帽朋友"，更呼吁全社会尊重儿童，关爱儿童。因此，在叶圣陶对子女进行教育的过程中，他始终坚持的一个原则就是"尊重"。

叶圣陶的儿子叶至善也是一位非常著名的编辑，但是很多人可能想不到的是，叶至善小学时的成绩并不好，甚至留过三次级。后来经过不懈努力，叶至善的成绩有了一定的提升，考入一所省立中学。这所学校就像是我们今天说的"省重点"，里边不仅精英云集，而且学风十分严谨。因此，这所学校更是三天两头考试，以期迅速提升学生的考试水平。叶至善对此非常不适应，他在努力学习了一年后，因为有四门功课不及格，被学校要求留级。

刚进中学就留级终究是件很让人难过的事情，回家后，叶至善把成绩单交给了父母，当父母看见那黯淡无光的成绩时，他难过得哭了。对此，叶圣陶并没有说什么，而叶至善的母亲非常在意儿子的学习，当她看到叶至善的成绩单后非常生气，用"不争气、没出息"这种词训斥儿子。

叶圣陶制止了妻子教子的长篇大论，反而安慰了孩子几句。他知道自己如果也说同样的话就太伤害儿子的自尊心了。叶圣陶认为，通过考试成绩来评价一个孩子的前途太过武断了，因为一门功课学得好不好，仅看孩子的成绩并不能得出准确的结论，看孩子能否学以致用才是最重要的。叶圣陶选择了一种更加尊重孩子的方式来教育叶至善，他希望可以和儿子耐心地谈谈。

叶圣陶站在叶至善的立场上和他进行了沟通，很快就找到了儿子成绩差的原因所在。原来,叶至善非常不喜欢死记硬背,但是那所中学的语文和英语课却都是填鸭式的教学,要求学生记忆大段的课文,考试的时候还要求默写。这种教学方式让叶至善感觉学习是一件非常吃力的事情,考试的时候很难好好发挥。

如果是普通的家长,恐怕在听到这种成绩差的原因后只会强迫孩子必须按照学校的方法去做。但是叶圣陶却认为,儿子既然真的不喜欢死记硬背,在那种教育环境下肯定是考不好的,情有可原,逼迫他反而是对他的不尊重,会起反效果。而另一方面,在和儿子的对话中,叶圣陶发现儿子的语言表达能力其实并不弱,知识面也很宽,这就说明他具备提升成绩的基础。因此,叶圣陶并不责备孩子,而是在安慰儿子之后,决定为孩子换一所学校。

叶圣陶后来反复奔走,为儿子安排好了转学的事情,让儿子去一家私立中学继续学业。这所学校的学风就相对宽松了,没有学业和考试的重压,也不用整天窒息于书山题海,每个学生都有充足的业余时间来做自己喜欢的事情。叶至善也终于有足够的时间去做自己感兴趣的事情了,他很高兴,有了明显的转变,开始对学习感兴趣了。

从细节处体现尊重

叶圣陶对儿子的学习非常宽容,但是,他对儿子文明礼貌的培养却非常严格,可以说是一点都没有放松过。

叶圣陶非常重视对儿女文明礼貌的培养,他认为,子女和他人之间关系的事是大事,一定要管。他反复告诫儿女们:"我们的身边还有许许多多的其他人,我们不能天天只想着自己,更要想着他人,要随时随地为他人着想。"

叶圣陶要求子女一定要在日常细节中体现这种替他人着想的处世风格。比如说，他让叶至善递给自己一支笔，儿子毫不在意地随手递过去，却把笔头交在了父亲手里。这时叶圣陶就会对儿子说："递一样东西给人家，要想着人家接到了手方便不方便。你这样子递笔，人家接到以后想写字，还要把它再倒转过来。那么，如果这支笔没有笔帽呢？那岂不是还要弄人家一手墨水么？另外，剪刀这种尖锐的东西你更需要注意，绝不可以像递笔这样，拿刀口刀尖对着人家，那太危险了！"这种细节层面的教育，叶圣陶从来都不放松，几乎是见一次说一次。

某年的冬天，叶至善走出屋子时忘了把门带上，寒风嗖嗖地灌进来。这时叶圣陶就会在他的背后喊："怕把尾巴夹着了吗？"叶至善听到后就赶忙把门关上。但是由于叶至善并没有养成随手关门的习惯，次数一多，叶圣陶就不再用那么长的句子，只喊："尾巴，尾巴！"经过无数次的耐心纠正，他终于让儿子养成了冷天进出屋子时随手关门的习惯。此外，叶圣陶还要求儿女在开关房门时要考虑到屋里的情况，如果有其他人在，不可以太过用力地把门推开或带上，发出"砰"一声，一定要轻轻地开关。

在叶圣陶耐心而细致的培养下，他的子女们都养成文明礼貌的待人习惯，长大后也都接过父亲的衣钵，在文字工作方面取得很大的成就。

汪曾祺
多年父子成兄弟

汪曾祺师从沈从文先生，是京派作家的代表人物。他一生都过得恬淡平和，不跟人摆架子也不怨天尤人。汪曾祺这种恬淡闲适的态度来自于他父亲的熏陶，而他也将这种和谐的家风坚持了下去，深深地影响到了他的儿子。汪曾祺的父亲曾经戏称："我们这是多年父子成兄弟。"汪家三代人的和睦关系由此可见一斑。

随和的老小孩

汪曾祺的父亲非常聪明，更是一位艺术达人，能写善画，还会奏乐器和刻图章。但是，和一般清高独行的文人雅士不同，汪老先生最喜欢带着孩子一起玩，放风筝、扎灯笼、做玩具，乐此不疲。汪曾祺的姑妈笑称汪老先生是个孩子头。

汪老先生是个很随和的人，在汪曾祺的记忆里，几乎很少见到自己的父亲发脾气。老先生对待子女不但从无疾言厉色，还会给他们做很多很多的玩具。他会用钻石刀把玻璃裁成不同形状的

小块，合拢粘牢后做成小桥、亭子和水晶球的样子，让孩子们在里边养金铃子。他也会用纸裁出各种各样精美的灯笼让孩子们玩。每当汪家的孩子提着灯笼上街玩耍，总会引来邻居家小伙伴羡慕的目光。

汪老先生很关心儿子汪曾祺的学业，但从来不会把学业作为评价儿子的绝对标准。汪曾祺小的时候偏科比较严重，国文成绩优异，但是数学成绩相对较差。汪老先生对汪曾祺的数学成绩一笑置之，告诉儿子只要及格就行。而由于儿子的国文成绩非常优异，他经常会兴冲冲地拿着儿子的作品到处给别人看。

汪曾祺小时候爱好广泛，书画戏都愿意玩一玩，而汪老先生都很支持。汪曾祺非常喜欢模仿父亲画画，而父亲虽然支持却并不随便干预，任由汪曾祺翻着画谱涂涂抹抹。但是当汪曾祺爱上了书法，汪老先生却来了兴致，常常会对儿子指点一二。汪曾祺初中时喜欢上了唱戏，汪老先生居然应儿子的邀请，乐呵呵地到学校去给儿子拉胡琴伴奏。这种和谐的父子关系放到今天都不多见，正因为如此，才有了那个人淡如菊但豁达开明的汪曾祺。

父子之间的"兄弟"情

"多年父子成兄弟"的家风被汪曾祺很好地传承了下去，他和儿子的关系也受到汪老先生的影响。汪曾祺自称："我和儿子的关系也是不错的"，而在很多外人看来，他们父子间的和睦关系绝对不只是"也不错"。

汪曾祺的儿子汪朗从小和父亲就非常亲热，他刚学会汉语拼音就用拼音给父亲写信，而父亲也会忙不迭地学习拼音并给他回信，父子俩一直以来都相处得十分愉快。而汪朗到了适婚年龄开始谈恋爱，汪曾祺采取的态度也是"闻而不问"，知道儿子谈恋爱了，很好，但是想怎么谈全由他的意思。汪曾祺表示儿子的决定他尊重而且支持，绝不干预。所以汪朗的恋爱一帆风顺，最后和青梅竹马的小学同学结婚，为汪曾祺生下一个可爱的孙女。

汪曾祺对待他的后辈毫无架子。他育有一男两女三个孩子，他的孩子们有时会尊敬地叫他"爸爸"，但是有时候会叫他"老头子"，在这种氛围的影响下甚至连他的小孙女也会跟着叫。汪曾祺的亲家母偶尔会训斥小孙女"没大没小"，但是汪曾祺不气不恼，和孙女在一起玩时任由小姑娘随意地给他围围巾，扣帽子，打扮成奇奇怪怪的样子，乐此不疲。

汪曾祺说过这样的话："我觉得一个现代化的、充满人情味的家庭，首先必须做到'没大没小'。父母叫人敬畏，儿女'笔管条直'，最没有意思。"他始终认为，儿女是属于他们自己的。他们的现在,和他们的未来,都应由他们自己来设计。

名人名言:
美的真谛应该是和谐。——冰心

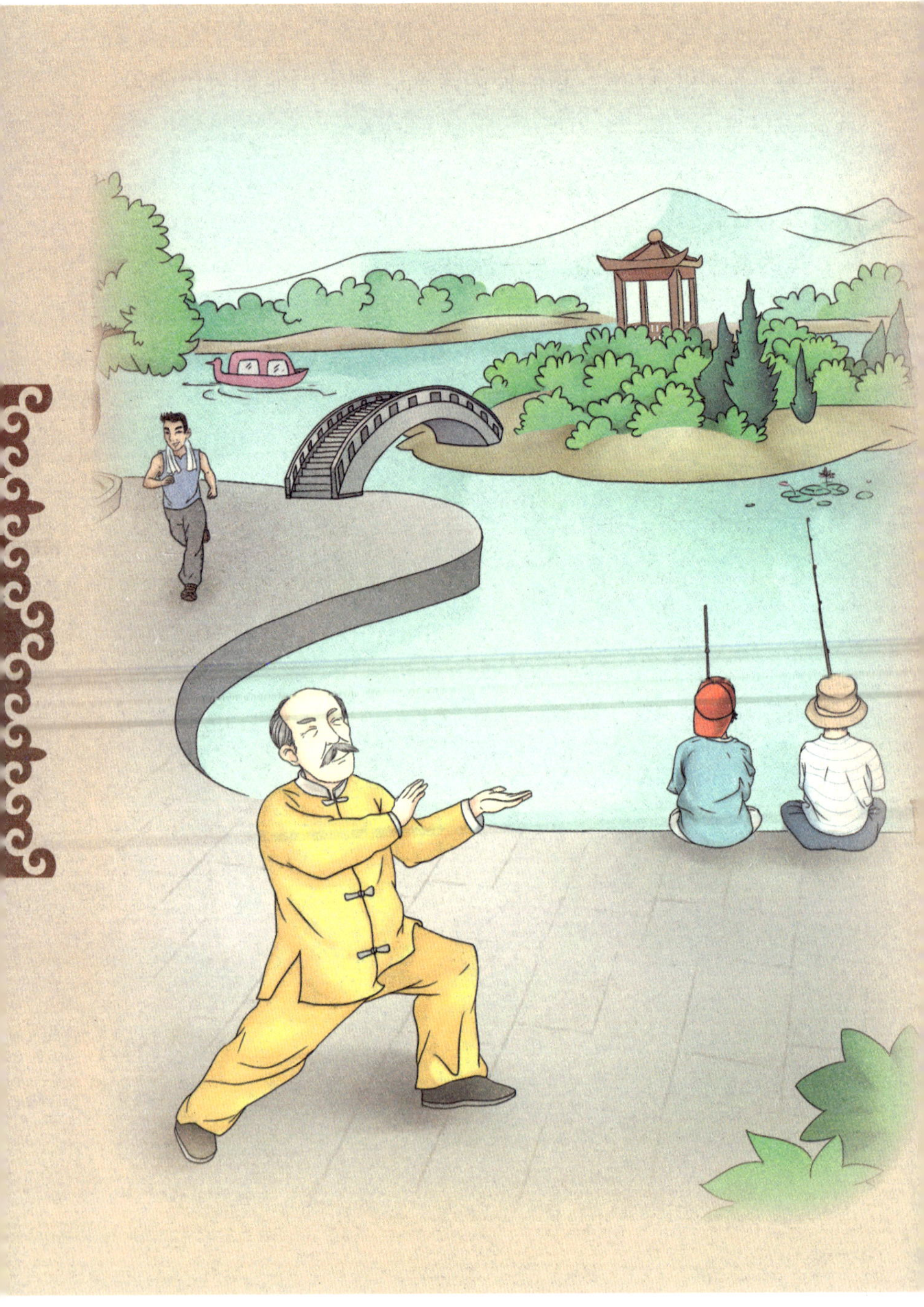

第二章 社会和睦绽芳华

享自由勇前行

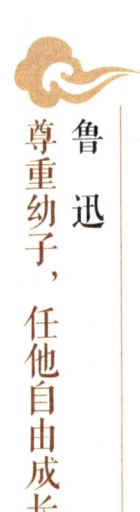

鲁迅
尊重幼子，任他自由成长

鲁迅先生的儿子周海婴是一位无线电专家，也是一位非常专业的摄影师，一生享誉业界。而他低调谦和、谨言慎行的为人更是令人称道。周海婴是一位成功人士，而他的成功既有他自己努力的因素，也有他父亲教育的结果。

鲁迅是我国近代的文坛泰斗，更是文化发展的闯将与先行者。鲁迅一生都在不屈不挠地斗争，所以他给很多人留下的都是一脸严肃，不好亲近的印象。殊不知，他的家风和对孩子的培养受到了广泛的赞誉。著名诗人柳亚子就曾经由衷地表示：鲁迅先生是近代儿童教育领域最伟大的人物。

怜子如何不丈夫

鲁迅对孩子的爱是全面的，体现在生活中的每个方面，正如他在《我们现在怎样做父亲》中写道："自己背着因袭的重担，肩扛住了黑暗的闸门，放他们到亮阔光明的地方去，此后幸福地度日，合理地做人。"而从方法论的层面上看，鲁迅主张给予孩子自由的生长氛围，但是绝不主张溺爱孩子过度放任。鲁迅非常反对两种极端却又普遍存在的儿童教育方式：一种是强制压服的教育方法，对儿童思想上严格约束，行为上严格控制，追求所谓的"听话"，一旦出现"不听话"就非打即骂；另一种是放纵娇惯，极其宠溺，一味满足各种要求。鲁迅认为，这两种教育方法，一种会把孩子教育成"暂出樊笼的小禽，他绝不会飞鸣，也不会跳跃"；另一种则会把孩子教育成"失了网的蜘蛛，立刻毫无能力"。

鲁迅给了周海婴非常自由的生长环境，尊重儿子的言行与诉求，并且对儿子非常有耐心。有一次，鲁迅邀请朋友在家吃饭，吃饭的时候，海婴尝了放在自己前面小碟子里的鱼丸子，就嚷嚷着菜不新鲜。大伙儿也尝了尝自己面前那份，但都觉得挺新鲜的，也就不去理会他——而这也是长辈对待晚辈的通常态度。然而鲁迅听闻孩子意见之后，赶紧尝了尝海婴碟子里的鱼丸，发现果真是不新鲜，当即就吐了出来，并给海婴重新换了一份鱼丸。

鲁迅认为孩子意见的表达定有一定的道理和缘由，不加以查看就否定是不对的。在他看来，在一个家庭里边，孩子也是重要的成员，他理应有表达的自由，大人们应当尊重他的这种自由，不能仅仅立足于自己的立场，随意压制孩子的想法。

周海婴好奇心很强，经常向鲁迅询问一些很童稚的问题，但是鲁迅永远都会耐心地予以解答，也很支持儿子的发问自由。有一天，小海婴好奇地问鲁迅："爸爸，你是被谁，用什么办法养出来的？"鲁迅很细致地予以了回答，而意犹未尽的海婴追问："最早的时候，人是从哪里来的？"并一脸期待地望着父亲。鲁迅从物种起源的角度告诉海婴人是从细胞来的，但是海婴还会问："那没有细胞的时候，人是从哪来的？"

海婴越问越复杂，而这个问题的答案也不是小孩子可以理解的了。鲁迅没有不耐烦，而是温和地告诉海婴等他长大读书了，先生会给他解答。

支持儿子的兴趣选择

鲁迅在生活方面给予儿子很大的自由空间，从不强迫他做不喜欢的事。海婴喜欢玩具，因此鲁迅经常给海婴买玩具。有一次，海婴生病了，鲁迅要送他去医院检查、打针。海婴怕疼怎么都不愿意去，鲁迅想了想，在路边给他买了他喜欢的"尚武者"的玩具，并引导海婴向勇敢的"尚武者"学习。到了除夕，鲁迅就会去买许多焰火花炮，与海婴及侄儿侄女们一起登上屋顶燃放。当孩子们看着五彩缤纷的火花欢腾雀跃的时候，鲁迅也舒心地笑了。在海婴五六岁时，鲁迅还特地买了一架留声机，让他跟着学唱歌。这种多方面的教育让海婴受益匪浅，从幼儿园开始，海婴就常常拿班上的第一名。

鲁迅非常注重培养孩子的兴趣爱好，并加以引导。他偶然发现海婴对理工知识很感兴趣，于是就特别注重海婴在这方面的培养，给他买了一套木工工具玩具，小海婴如获至宝。一次，鲁迅的好友瞿秋白从苏联带回一套类似积木的铁制玩具，鲁迅给它取名"积铁"。这套玩具有些复杂，有上百个金属零件，可以拼出很多模型。鲁迅按照瞿秋白夫人写的使用说明，耐心地给海婴解释玩法，并慎重地告诉海婴一定要爱惜这套玩具，不辜负何叔叔和何叔母的好意。海婴很快就迷上了这套可以让其想象力天马行空的"积铁"，也从这里开始迷上了理工技术。经过一段时间的练习，海婴渐渐地就能自己拆钟、修锁、装矿石收音机了。

周海婴后来成为一位无线电专家，这与鲁迅从小的自由式教育和有意识引导是分不开的。

老舍
鼓励孩子自由发展

老舍先生是中国近现代文学"六大家"之一,声名卓著,写下过很多脍炙人口的作品,而他的儿子舒乙则在散文创作、绘画、林业研究方面均有造诣。舒乙的成才与老舍先生的"自由式教育"是分不开的。鼓励孩子自由发展的老舍培养出一位"全才"。

老舍的教育思想

老舍并不是一个望子成龙的"狼爸",他向来不主张给孩子过大的压力,强迫他们费力地去过升学、考试、受困于书本的生活。他曾与妻子说过:"他们不必非入大学不可。我愿意自己的儿女能以血汗钱挣饭吃,一个诚实的车夫或工人一定强于一个贪官污吏。"与此同时,老舍最看重的就是孩童们的天真与无邪,鼓励他们多玩耍。因此,老舍的后代基本没有过学习方面的苦恼,老舍用宽容的态度,给了孩子们一个自由快乐的童年。

但是老舍从来不主张放任孩子漫无目的地瞎玩,他支持让孩子自由地玩耍,更鼓励孩子自由地创造。所以,老舍最大的乐趣就是看孩子写大字。在创作的过程中,老舍放任孩子们自由挥洒,肆意涂鸦挥毫泼墨,鼓励他们在这自由的过程中激发创造灵感,感受书写的乐趣。老舍认为这种挥洒的过程非常有利于孩子创造性的培养。

老舍从来都不盲目和其他家长比儿女是否聪明，也不去比儿女是不是比其他人有出息。他很淡然地正视了儿女素质参差不齐的现实，绝不勉强孩子去做那些受他们先天素质影响的、无法做到的事情。但是老舍非常注重锻炼孩子的身体素质和生存能力，他认为身体强壮加上一份手艺就是安身立命和报效祖国之本。因此，老舍非常支持他的女儿学跳舞强身。

鼓励儿子自由发展

老舍先生在《艺术与木匠》一文中写道："我有三个小孩，除非他们自己愿意，而且极肯努力，做文艺写家，我绝不鼓励他们，因为我看他们做木匠、瓦匠或做写家，是同样有意义的，没有高低贵贱之别。"

舒乙从小热爱绘画，老舍先生发现后很是高兴。老舍鼓励儿子发展自己的兴趣与特长，并常带舒乙外出写生。当舒乙在作画时老舍先生就绘声绘色地给他讲解一些专业的绘画技法。但是与此同时老舍却并不干预儿子的作画状态，不会把自己的意见强加给儿子，儿子一旦决定的事情他就绝对不会横加干预。

老舍一直主张让儿童天性自由发展，要求家人不要对舒乙"干预过多"，任其保持天真活泼的天性，培养并引导孩子的正当爱好，对舒乙的学习成绩不做过多的要求。舒乙曾说自己在五年级之前成绩一直不好，甚至考过最后一名，但是老舍先生从不加以评价和干预，只是依旧鼓励舒乙坚持自己的绘画爱好。后来，舒乙"一夜之间开窍"，学习成绩赶上来了，老舍先生反而在惊喜之余大感意外。

老舍先生对孩子们的学习从不做过多的要求，认为孩子们能粗识几个字，会点加减法，知道一点历史，便已够了。他认为自己的孩子只要身体强壮，将来能学一份手艺，即可谋生，不必非入大学不可。

曾有一次老舍先生的女儿舒立数学只考了60分，她非常沮丧，担心自己以后考不上大学，呆在家里垂头丧气，闷闷不乐。而老舍在问清缘由之后却没有露出半点要责怪女儿的意思，反而豁达地安慰女儿："没关系，考不上大学，你就在家待着，我教你学英语"。

老舍曾经表示"不必非入大学不可"，但是显然他并没有否定"进入大学是一件好事"的意思。老舍认为，能升大学的孩子还是要升大学，这样前程可以更广。而不具备条件的孩子不升大学也无妨，学一门手艺，可以凭借自己学的手艺谋生。

老舍主张让孩子自由发展，认为发展孩子的兴趣点，孩子才会在快乐中越走越远。而由此，他的孩子们在长大以后都有了很好的前途。

（参考自《现代快报》文章：《老舍鼓励孩子自由发展》，有删改）

茅盾
巨匠来自母亲的循循善诱

现代文学大师茅盾与其弟沈泽民，一个曾任中华人民共和国文化部部长，一个曾留学苏联，回国后任中共中央宣传部部长，两人皆是国家的栋梁。茅盾兄弟之所以能取得如此成就，与其母亲陈爱珠的悉心教育是分不开的。

支持儿子自由选择人生

茅盾的母亲是浙江乌镇上一位名医的独生女，19岁嫁给茅盾的父亲沈永锡。沈永锡是当地有名的神童，16岁就中了秀才，思想非常先进，喜欢新科技、新思想，喜欢用新学来教育儿女。茅盾从小就读于新式学堂，酷爱看小说，沈永锡不但并不加以阻挠，反而大力鼓励他看并让他尝试写作。直至沈永锡病重时还将自己多年收藏的书籍刊物悉数交给茅盾，鼓励他继续努力。

茅盾在10岁的时候父亲就去世了，照顾和教育儿女的重担全部落在母亲一个人肩上，他的母亲陈爱珠是一位有着良好品德、性格果敢坚毅的女性，她毫不犹豫地承担起养家糊口、教育子女成人的重担。

茅盾兄弟俩喜欢看小说，《三国演义》《水浒全传》《西游记》等古典名著都是他俩的挚爱。家中有些长辈就经常批评他二人，常劝陈爱珠对他俩看小说加以阻止。陈爱珠却说："看这些书没坏处，至少可长进国文知识，还可以晓得社会上的事。"因

此，她给予兄弟二人充分的读书自由。

　　茅盾中学毕业后，报考了北京大学的文科类专业，这是茅盾向往的志愿。但是有件事情却让茅盾陷入了苦恼：这个志愿与父亲的遗嘱有悖。父亲沈永锡生前立下遗嘱，言明希望自己的两个儿子未来能报考理工科专业。在他看来，当下国家的振兴发展需要大批的理工科人才，倘若亡国，也可凭一技之长到国外谋生。如果报考文科就是违背了父亲的遗愿，这该当如何是好？他思前想后，心里十分矛盾。最后鼓足勇气，把报考文科的想法如实地告诉母亲。

　　陈爱珠听后，告诉儿子说："不论学理学文，初衷都是报效国家，从这点上看，你并不违背你父亲的遗愿。我支持你学文科。"母亲非常尊重茅盾的意见，给了他选择自己专业的自由。得到了母亲的支持，茅盾踏上了学习"文科"的道路，这无疑为将来文坛巨匠的成长打下了坚实的基础。

　　茅盾的弟弟沈泽民在茅盾考上北京大学数年后，也考上了河海工程专门学校。陈爱珠听到这个消息之后十分高兴。在送沈泽民求学的路上，途经上海，她专程跑到书店为两个儿子分别买了《西史纪要》《东洋史要》等与历史相关的书，并嘱咐道："不论未来从事什么行业，一定要弄懂世界历史和中国历史。"

　　1920年，沈泽民准备从河海工程专门学校辍学，与张闻天一起到日本东京帝国大学（今东京大学）留学，希望在学习知识过程中能探求到救国救民的真理。当母亲听说这个消息之后有些不高兴，她不希望儿子中途辍学。

　　茅盾兄弟俩开始劝说起母亲："父亲也曾说过，如今之中国，若无一次大的变法与革命，就要面临被列强瓜分的命运了。泽民之所以这么做，正是去日本探求救国救民之道，以迎接'第二次变法维新'。"

母亲终究是位开明的人，也很尊重儿子的选择。听了儿子的意见后，觉得在理，便决定支持儿子的行为。

母亲尊重儿子的婚姻态度

在茅盾生活的年代，早结婚是社会的风俗。茅盾的家里很早为其订了亲。眼看茅盾到了成婚的年纪，由于茅盾父亲的过世，家里没人做主，这门亲事成了茅盾母亲的一桩烦恼。如果继续履行婚约，她担心不识字的媳妇与儿子多有不合；如果退婚又担心对方不同意。母亲没有封建社会常见的家长作风，她希望可以尊重儿子的意见，给予儿子选择的自由，但也不希望女方家里受到伤害。考虑良久之后，母亲决定和茅盾好好谈谈。

1917年春节期间，母亲问茅盾有没有女朋友，茅盾羞涩地答说没有。

"真没有？"母亲又追问了一句。儿子点点头。

母亲本来想着倘若儿子已经有了女朋友的话，那么就出面与女方交涉，说明要退婚。而今得知儿子没有女朋友，她说道："以前我筹划着你毕业顶多做个中学教员，娶一个不识字的老婆也还无碍，但如今你去了商务印书馆半年，就有一番作为，再娶这样一个老婆似乎就不合适了。所以现在我要问问你的意思，如果执意不要，我就去交涉退婚，若是人家不肯闹上官司，也不过是有些为难而已。"

茅盾很受感动，他明白母亲是一心为他着想。茅盾已全心投入到工作中，妻子是否识字并不重要，况且结婚之后可以去学校学习，也可以让母亲教她识字。他不愿母亲为难，因此他对母亲说："母亲，我不想让您为难，就按照以前定好的办吧。"母亲也很欣慰茅盾的孝顺，所以第二年，母亲就为茅盾办了婚事。

名人名言：

人像树木一样，要使他们尽量长上去，不能勉强都长得一样高，应当是：立脚点上求平等，于出头处谋自由。——陶行知

慕平等齐安宁

黄炎培 必须喷出热血地爱人

黄炎培是我国近现代著名的爱国主义者、民主革命家和民主教育家，他把毕生精力都奉献给了中国的职业教育事业，他是中国现代教育学校体系的奠基者。毛泽东对黄炎培一直以师长相待。在对他的评论文章中，黄炎培常常被称作共产党人的"诤友"。

黄炎培的社会地位很高，但是他从来都不会由此自恃清高而瞧不起普通劳动者，与之相反的是，他要求自己的孩子对待其他人必须真挚而友爱，要"喷出热血地爱人"。

严格家规下的赤子之心

黄炎培是中国职业教育的先驱者,而对子女的教育他也十分严格,从不溺爱孩子。黄炎培的四子黄大能初中就读于上海非常著名的贵族学校——沪江大学附属中学。在学校读书期间,黄大能长期受那些富家子弟的影响,耳濡目染,也变得骄傲起来。黄炎培惊异于儿子的这种变化,非常生气,于是将其转学到位于上海市南部陆家浜贫民区的中华职业学校。他不想看到自己的儿子成为一个纨绔子弟,他很严肃地告诫儿子说:"黄家不能出百无一用的纨绔子弟。"而转学之后,黄大能收敛心思认真学习,不再放浪形骸,最终成为一名优秀的学生。

1936年,黄大能将远赴英国留学深造,就在临行之时,黄炎培将一生坚守的座右铭稍作修改,亲手题写留赠给他的儿子。这便是黄炎培的"三十二字家训":"事闲勿荒,事繁勿慌。有言必信,无欲则刚。和若春风,肃若秋霜。取象于钱,外圆内方。"座右铭的前四句,他告诫儿子,做人一定要坚持追求真理,不要让纷繁世界误导自己。中间四句是对儿子日常的要求。

当没有什么事情的时候，人最容易懒散下来，因此要时刻保持警醒，珍惜时间，努力上进，不要荒废了学业；事务繁多的时候，容易产生焦躁的情绪，并且会做出缺乏理性的事情，因此遇事不要慌张，要有条不紊地进行。说话算数别人就会相信，没有私欲就会变得刚正，理直气壮。最后四句，意味深长。他要求儿子对待同志要和蔼可亲，像春风一样暖人；对坏人坏事像秋霜一样凌厉。尾句以外圆内方的"古钱"做比喻，借此希望儿子为人要随和，同时内心要坚守原则，养成谦和严谨的作风。

　　黄炎培教育理念深深影响了他的子女，他恪守的理念也成为下一代恪守的家训。在上海市档案馆中保存了一封黄炎培给儿子黄万里的家信，信中谈及了一件小事：黄万里小的时候不肯坐黄包车，问他原因，他说看到车夫拉车汗如雨下，辛苦难耐，就十分难过，不忍心坐车。黄万里的小小善良之心让黄炎培很受感动。黄万里后来回忆说，这种善良仁慈的性子，是身受家风家训的无形感染所致。

爱人爱众生的伟大家风

　　黄万里的儿子黄观鸿在被采访时满怀深情地提到爷爷黄炎培的一些家训。他表示，黄家的各位长辈对晚辈的教育，一直是潜移默化的。令他印象深刻也是影响最深的一条家训是：对老百姓必须非常尊重。这是源于黄炎培的家训，黄炎培第一条家训就是必须尊重农民。而这也是黄万里不愿意坐黄包车，不忍心看车夫流汗的重要原因。

　　黄炎培对农民的尊重与热爱体现在各个方面，黄家人吃饭有一条规矩：饭掉在桌子上，也要一粒粒吃掉。黄炎培经常这样对家里人讲："一粒米要用七担水才能长成，千万不能浪费。"黄炎培虽然并不信佛，却是一位坚定的素食主义者。关于他缘何要成为一名素食主义者，黄炎培在其自传体著作《八十年来》一书中做出了解释：1917年6月，我在游新加坡的时候看到渔夫捕鱼归来，将收获的鱼全部开膛破肚，抛至另外一艘船，这些鱼翻腾几次才真的死去。人们为了自己的欲望而杀生，让人心生怜悯，我于是立下素食的志愿。

黄炎培平等看待众生的精神更是体现在他的家训当中。黄炎培家训的第二条可以说是对他一生经历的概括，他所有的孩子都记得这句话：不但是要爱人，还要怀揣满腔热血地去爱身边的人。

爱是伦理道德的基石，关爱他人是黄炎培家风的体现，更是黄炎培一生恪守的人生信条。

周恩来 平易近人的好总理

周恩来生前无论担任什么职务，地位多高，都始终以普通党员自律，以一个平民自居，从不搞特殊。在这位共和国伟人眼中，总理和平民，只不过是职位分工不同而已。

以身作则平易近人

1935年6月底，红军长征穿过了草地，全体战士需要在河口地带休整一下，与此同时，党组织也适时进行人事调整。

周恩来所在的党小组开始了选组长工作，大家形成了一致意见建议小魏当党小组长。但小魏却认为在这个党小组中，有很多党员干部，自己怎么能当组长去领导他们呢？于是赶忙推辞。周恩来这时出来说："大家推选你当组长，是相信你一定可以做好工作。我们既然同意你当我们的组长，就一定会服从你的领导，配合你的工作。不论以后小组里遇到何种问题，大家可以商量着解决嘛！"于是小魏不再推辞，同意担任党小组组长。这之后经过讨论与研究，决定把"保证一个同志不掉队"作为主要目标，最后全组都胜利地抵达陕北。

有一天，周恩来找到小魏问他："为什么这么长时间不开党小组会议呢？"小魏回答说已经开了，知道周恩来事务太多，于是就没有通知他开会。周恩来听罢严肃地说道："我是一名党员，有义务参加组织活动。倘若我有事务忙不开不能参加，那么我应该向你请假说明原因，你不通知我这件事，就是你的不对呀！在党内，我们作为一名党员就要过组织生活，这不是其他问题，这是党性问题！"

又有一次，周恩来发现自己很久没有交党费，找来小魏说："这月的党费我还没交给你吧？"

"我代首长交了。"小魏说。

"党费怎么能让别人代交呢？"周恩来反问。小魏解释道："首长需要集中精力处理国家大事，交党费这点事我代交也是合情理的。"周恩来严肃地说："国家的事情虽然重要，交党费这事也同样重要，我们作为党员，交党费是普通党员的义务，这可不能代，你知道吗？"小魏听到这样的话，不禁红了眼圈，在对周恩来愈发敬佩的同时，更加坚定了革命到底的信心。

1946年5月6日，正是国共和谈时期，周恩来与美蒋代表及三方工作人员一行六十余人，分乘四辆吉普车和两辆卡车到湖北宣化店视察。一行人抵达黄陂县的十棵松河边，恰逢该地区暴雨，河水猛涨，山洪暴发，致使桥梁被毁，车辆无法正常通过。国民党代表找来了当地的领导干部，但是都没有解决办法。

正当大家都无奈的时候，周恩来找来黄陂县委书记，这个书记随后召集了一些群众，周恩来同这些群众说道："乡亲们，我们此行是要去宣化店进行和平谈判，你们有什么办法可以让我们顺利过河吗？"大家回答说："有！"于是这些百姓去找来许多绳子和抬杠，硬是拼着人力把所有的吉普车抬过了河，后来村民们甚至把美方与蒋方的所有人员都背过了河。待到他们想要来背周恩来过河时，他这样拒绝道："乡亲们，你们为了争取和平，给予我们最大的支持，我非常感谢你们。跋山涉水是我们共产党人的本领，我就不麻烦你们了。"说罢周恩来便即刻脱下长裤和鞋袜，赤脚涉过了这宽百余米、水深齐腰的河。

当天夜里他们就赶到了姚家大弯，周恩来被安排住在一个村民家里。吃饭的时候，当他看到这家农民的锅里全部是野菜时，立即让警卫员把随身带来的口粮全部倒入锅中，煮了一锅野菜粥，之后与农民同吃这一锅野菜粥。农民十分感激与此同时又很不忍心，周恩来却笑着说："我们是一家人，就应该同吃一锅粥啊！"

不搞特殊的"十条家规"

到了和平年代，国家开始大力实行恢复发展，一些往日与周恩来联系稀少的亲戚陆续来找周恩来，他们中的一些人是希望周恩来帮忙办一些事情，甚至有些人要求周恩来帮忙解决工作问题。这种情况使得周恩来非常头疼。他担心自己的后辈不能像普通公民一样遵守国家法纪，随便搞特殊。更让他忧虑的是，自己的亲戚或者友人中，可能会有人借自己的关系和影响力去牟取私利。

于是，一天周恩来把家人召集在一起，提出要给大家立个规矩。邓颖超毫不犹豫地同意了，以侄女周秉德为首的后辈也都纷纷表示赞同。

周恩来郑重地说："我个人拟定了十条家训，现在念与你们，若是大家没有其他的意见，就各自抄写一份留在身边，可以时刻提醒自己。以后来的亲戚朋友也要抄写上一份，大家务必严格遵守。"

这些家规是这样的：

一、晚辈不准丢下工作专程来看望我，只能在出差顺路时来看看；

二、来者一律住国务院招待所；

三、来者一律自行到食堂排队就餐，有工作收入的自行买饭菜票，没工作收入的则由我代付伙食费；

四、看戏以家属身份买票入场，不得用招待券；

五、不许请客送礼；

六、不许动用公家的汽车；

七、凡个人生活上能做的事，不要别人代办；

八、生活要艰苦朴素；

九、在任何场合都不要说出与我的关系，不要炫耀自己；

十、不谋私利，不搞特殊化。

在党内生活中，周恩来夫妇为人处事始终秉承着严于律己的作风，也才有了这样严格的家训。同样地，周恩来的侄辈周秉德、周秉健等人，他们也都没得到一丁点特殊的照顾，反而受了更多的苦。周恩来对孙维世、孙新世这对烈士的女儿尽管关爱有加,也绝不允许她们在日常生活中享受特殊待遇。

(摘自:《绍兴县报》:《周恩来平易近人二三事》及中共中央文献研究室网站《周恩来的十条家训》,有调整删改)

罗荣桓 子女勿做"八旗子弟"

"绝不学前清八旗子弟,只会遛鸟闲逛,无所事事,一事无成,贪婪地享受父辈人的庇佑。"中国军事家、政治家、中国人民解放军创始人和领导人之一的罗荣桓元帅这样教育自己的儿子罗东进。而他一辈子都坚决贯彻着亲民的作风,从不摆架子,坚决不许儿孙借着他的地位作威作福。

贴近群众的低调元帅

罗荣桓个性比较低调,为人亲和,不喜欢抛头露面,即使是照相这样的事他也总是躲得远远的。以致子女最后整理他的相册时,发现根本就找不到他多少照片。每次中央开会过后照相留念时,他总是跑到后面,十分低调。

但是对待工作，罗荣桓则是敢为人先，尽职尽责。不论是做基层工作还是中央任务，他总是能把身边的人团结起来，使其形成一股合力。因此很多革命老同志不论是遇到大小的困难，都会找罗荣桓谈谈，甚至是夫妻吵架闹别扭这种事，他总能给予来访者最好的帮助并最终解决问题。后来，罗荣桓担任了中央政治局委员、总政治部主任、人大常委会副委员长，军衔到了元帅，堪称地位显赫，但是他仍然不把自己看得很特殊。他乐于联系群众，与群众打成一片。他说："如今我们共产党执政了，人民是出于何等的信任给了我们这样高的地位，又赋予我们这样的权力，人民遇到些困难需要我们，我们绝不能同过去的官老爷一样高高挂起，而是帮助他们解决问题，以后不论是谁来找我都不要拒之门外。"

严格约束子女

罗东进回忆说，由于工作十分忙碌，罗荣桓夫妇根本抽不出什么时间与孩子相处，但是他们绝不放过任何教育的机会。有一次反"扫荡"，部队打了胜仗，缴获了一些战利品。罗东进发现一个防毒面具，觉得很有意思，就戴着它四处乱跑吓唬老百姓家的小孩子，有的孩子甚至被吓哭了。罗荣桓正好也在附近，看到了这一幕非常生气，就把罗东进喊进院子里严厉地批评起来："我们的部队是人民的子弟兵，是保护老百姓的，你戴着防毒面具去吓哭老乡的孩子，违反了部队的纪律，罚你关禁闭一天，哪儿都不能去！"这件事使罗东进深刻地体会到爱护群众不是口头说说而已，是实实在在体现在日常生活中的。

有一年的冬天，罗荣桓的妻子林月琴给罗东进买了顶棉布帽子，罗东进觉得样子不喜欢就不愿戴，闹着要买顶皮帽。罗荣桓知道这事后把罗东进找来，狠批了一顿："这样小的年纪就挑剔讲究，以后还得了！"他告诉林月琴说："孩子生活方面的事不必太讲究，倒是应该多关注思想方面的事情。"他说："管教孩子从来就不轻松，也急躁不得。做父母的在有一件事上是可以放开去做的，就是一旦发现孩子身上不良的苗头冒出来了，就要及时教育，看着他们马上改正，不要任由其发展。"

罗东进上小学时，由于学校离家远，只能每星期回家一次，是由机关的车集体接送。一次学校放学放得比较晚，家里人就派了小车去接。罗荣桓知道这件事后很是不满，马上召集全家人，严肃地说："汽车是组织上分配给我工作时候用的，而不是接送孩子上学，你们平时已经享受了很多本不应得的待遇，不能这样不自觉，不然早晚会毁了自己的。"随后他嘱咐开车的工作人员："以后不准用组织的车接送孩子，孩子们上下学可以坐公交车，这样对他们也是一种磨砺嘛！"

有一次，罗东进和妹妹放学回家，没有赶上公共汽车，只好步行回家。这就导致他们很晚了还没到家，家人都开始担心，罗荣桓也坐立不安起来。焦急地等了一阵子之后，两个孩子终于急急忙忙走进家门。在问明情况后，罗荣桓很是高兴地表扬他们说："不错不错，你们知道搭不上车就走着回来，这种不怕苦不怕累的精神值得表扬，要保持下去，发扬下去。"

（摘自《帅府家风》，有改写）

名人名言：

人人相亲，人人平等，天下为公，是谓大同。——康有为

铭公正九州喜

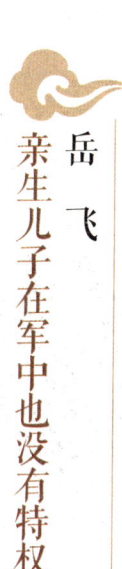

岳飞
亲生儿子在军中也没有特权

令人敬仰的民族英雄岳飞，河南省汤阴县人。他不仅精通领兵打仗之道，而且在教育孩子上也很有方法。岳飞相信"玉不琢，不成器"，因此他从来不骄纵自己的孩子，而是把他们留在部队严加培养。岳飞通过仔细观察，发现长子岳云是个好苗子，因此对他的培养越发用心。岳云很小的时候就和父亲一起在军中生活，而岳飞对岳云从没有一丝溺爱，而是像训练其他士兵一样对岳云严格管教，甚至更加严苛。

马失前蹄和一百军棍

十二岁时，岳飞就让岳云参军，在部将张宪帐下当一名小军士进行历练，并要求他不准穿丝绸、不准吃酒肉。岳云从小严于律己，勤学苦练，争取获得父亲的认可。

一次，岳云当着父亲的面练习骑马，他翻过一道道坡儿，动作相当矫健，为此，岳云纵马驰骋，好不得意。可谁知岳云一高兴就昏了头，马失前蹄，自己也翻了下来。恰好这一幕被岳飞

看见了，岳飞勃然大怒训斥道："这都是你平时练习不认真造成的！若今天的你身在战场上，你的小命早没了！"

岳云瞧着父亲怒不可遏的神态和虎狼一般的身躯，浑身哆嗦，颤抖着嘴唇刚想辩解。但是此时岳飞怒气难抑，大吼一声："拉出去砍了！"

军中将领的话，哪怕是气话也是军令如山，已经没得辩解了。小岳云又羞又怕，眼泪汪汪。这时闻讯而来的岳家军将士们也赶紧劝岳飞收回成命。

岳飞吼出这句话之后也后悔了，他虽然非常不满儿子的行为，但是平心而论他肯定舍不得斩自己儿子，见众将苦劝，心就软了。但是为了让岳云记住这个教训，还是不愿意就此罢休。所以他改口说："去去，打一百军棍再回来！"岳云知错，硬生生挨下这一百军棍，被打得好些天下不了床。

岳云并没有因此记恨自己的父亲，他知道父亲这是为了他好，希望他可以早日成才。父亲对他的不满是有原因的，毕竟在险恶的战场之上，一个疏忽就能导致杀身之祸，而一旦将领阵亡，部队肯定就完了。从此之后，小岳云下定决心勤学苦练，再不想让父亲失望。

小过严惩，大功不报

岳飞对岳云的严厉体现在"小过严惩，大功不报"上。岳云十六岁随军出征，也犯过一些小错误，每次都被父亲狠狠惩罚。但更多的是立下了大大小小的战功，可是岳飞担心过早立功会让岳云骄傲，因此从未上报过岳云的功劳。

岳飞知道儿子还小，如果接受的荣誉太多很容易变得飘飘然。而在战场之上，心态浮躁是大忌。因此岳飞宁可让岳云少立点功，少受点赞美，也要让他保持平和的心态。

一次岳飞领兵北伐，被金兀术军队包围，一时难以突围。形势紧急，岳飞就命岳云领兵突围杀出去。岳云带着老爹的期盼出征了，只带了人数很少的士兵。岳云这一路上游击、鏖战，杀了一个血流成河，负伤一百多处，最终不仅顺利完成了任务，并且还杀死了金兀术的女婿。但是，尽管如此岳飞还是不愿将岳云战功上报，只激励岳云继续努力。然而，岳云的功劳逐渐被大家所知，上传到了皇上那儿，皇上知后决议让岳云连升三级。岳飞急忙推辞，道："旁人多少辛苦才能升一级，怎能为此连升三级。"不肯受赏。

在岳飞的严格教育下，岳云严于律己，不断向父亲看齐，也成了一代名将。

刘少奇
我的孩子也只是普通人

著名的政治家、思想家刘少奇，一生育有九个子女。尽管工作繁忙，但他从未对子女有过疏离，非常关心子女的教育问题，从小严格要求他们。他对孩子最经常的教导就是："你们只是普通人。"

子女从来都没优越感

刘少奇从不给自己的孩子任何特殊化的待遇。曾有人问他的女儿刘亭亭："作为刘少奇的女儿，你应该能享受很多特殊待遇吧？"

刘亭亭回答："没有。爸妈不允许我公布他们的身份，所以在学校没有人知道我是他们的孩子。"

一次音乐课上，刘少奇的儿子刘源忘了带课本，音乐老师并不知道刘源母亲王光美的真实身份，于是打电话给王光美让她赶紧送课本过来。王光美二话不说，立刻就从中南海赶去学校，完全没有任何"高干夫人"的架子。

三年困难时期，整个国家陷入缺少食物的困境之中。刘亭亭住在学校，因没有食物而饿晕过三次。王光美得知后很是心疼，想把女儿接回家中。但却被刘少奇阻止了，刘少奇告诉妻子说："全国人民都在忍受饥饿的折磨，我是领导人，更不能搞特殊，希望亭亭能在学校与大家同甘共苦。"于是,孩子们没有"享受"到特殊待遇,继续住在学校里,和同学们一起在艰苦中锤炼意志。

刘允真是刘少奇的第三个儿子,高考落榜之后情绪十分低落,他十分渴望上大学。这时,有人为了讨好刘少奇,跑去大学为刘允真"打招呼",希望可以帮刘允真"争取"一个大学入学的名额。刘少奇得知后,非常生气,立即召开家庭会议,非常严厉地对孩子们说:"我让你们在学校写我和你们母亲的化名,就是不想让你们在学校搞特殊化,影响学校管理。而现在特殊化的问题还是出来了!总有人认为高干子女不管能力够不够,一定可以上大学、当干部,这简直是胡闹!对此我再声明一次,我的子女没有特权,也不允许有特权!"

对儿女的要求一刻都不放松

刘少奇对儿女的工作方面也严格要求。他的女儿刘爱琴回国后在北京师范大学附属女中任职,刘少奇专门到学校叮嘱校长要将刘爱琴当普通教职工对待,不能因为是他的女儿就给刘爱琴特殊待遇。而刘爱琴也没有辜负父亲的期望,在工作中表现得很好。学校根据她的表现,想给她提高工资待遇,但是刘少奇对此并不认同,他说:"她在教学的同时也在学中文,不能与正式教职工相同,待遇方面给她足够吃饭的工资就差不多了。"

根据父亲的要求,刘爱琴周末下班回家都是自己挤公交,有一次她看等公交的人实在是太多了,就打了电话到中南海找人来接自己。刘少奇得知后严厉批评了她,认为她的做法给他人工作带来了极大的麻烦。后来又有一次,大师梅兰芳来中南海演出《霸王别姬》,刘爱琴想看,便偷偷叫工作人员给了门票,之后也被刘少奇狠狠地批评了一顿。

而在刘爱琴的入党问题上，刘少奇在观察了女儿的一系列作为之后，深知她思想上的不成熟，还够不上一个合格党员的标准，因此毅然将刘爱琴的预备党员转正资格取消了。

从此之后，刘爱琴好好思考了父亲对她的批评和教育，最终明白了父亲的良苦用心。坚决克服特殊化心理，勤勤恳恳，踏踏实实地工作。刘少奇就是这样，严于律己，严格对待子女，坚决不搞特殊化，这正是他崇高的党性修养的体现。

（参考自中国共产党新闻网：《从不搞特殊：刘少奇对儿女的严格教育》

焦裕禄 坚决不允许搞特殊

"人民的好公仆"焦裕禄将"不搞特殊化"作为家训，教育子女热爱劳动，热爱学习。这条家训更是让家里二十几口人铭记于心。

"不搞特殊化"成为焦裕禄六个子女的准则，无论是学校学习、社会工作，还是入党，六个孩子都踏踏实实从基础做起，从来不走捷径。

《干部十不准》

焦裕禄的女儿焦守凤常想起小时候一家人聚在一起吃饭，焦裕禄总会问起他们在学校的学习、生活，不断叮嘱他们不能因父亲是县委书记就在学校搞特殊化。

尽管自己是县委书记的女儿，焦守凤却总是感觉自己"低人一等"。原来，母亲曾亲手给焦守凤做过一件花色大衣。这件大衣，焦守凤从小学一直穿到初中。随着时间流逝，焦守凤渐渐长大，人也渐渐长高了，却依旧穿着这件相对短小且洗得发白了的棉袄。

初中正是小姑娘爱美的年纪，很多同学都笑话焦守凤的衣着寒酸，焦守凤心中委屈，央求父亲买新衣裳。焦裕禄却说："你来学校是为了学习，而不是去攀比的，况且你不能搞特殊，要特殊也是在于比别的同学更加努力。"

有一次大儿子焦国庆搞了一次特殊，不花钱看了一场戏。焦裕禄得知后严厉批评了焦国庆，并带上儿子登门赔钱道歉。

谁知到了戏院焦裕禄才发现戏院前三排一直空着，这些是留给官员的"专座"，中间最好的位置更是专门留给县委书记的。

焦裕禄非常吃惊，经过深思熟虑之后在县委会上作自我检讨，带头起草了《干部十不准》，规定任何干部不得搞特殊化。

县委书记的女儿要带头吃苦

作为焦家的长女，焦守凤既要上学读书，又要帮父母做家务，还要照料年幼的弟弟妹妹们。这些事消耗了她大量的精力，导致她中考落榜了。

焦守凤喜欢读书，哭着要父亲给她安排复读，焦裕禄没同意。有好几个单位都希望焦守凤到他们那里去上班，做打字员、做老师、话务员……焦裕禄知道后却一一拒绝，这让焦守凤非常不解，也十分生气。

一天早上，焦裕禄对生闷气的焦守凤说："走，咱上班去！"

听到这句话，焦守凤兴奋地跟着父亲去上班。当父女俩一路走到兰考食品加工厂时，焦守凤却傻眼了。原来父亲安排她到食品加工厂当腌咸菜的小工。

焦守凤的工作十分辛苦，甚至一天需要腌超过千斤的萝卜，或者是剁上百斤的辣椒。这导致她的手总是被辣椒刺激得疼痛难忍，晚上睡觉也睡不好，时常半夜起来打盆凉水泡手，以缓解疼痛。

腌咸菜不是最难的，最难的是一个十八九岁的小姑娘挑着咸菜走街串巷地吆喝着卖。一开始，焦守凤无论如何都开不了口，站在街上急得直掉眼泪，憋屈了很久才勉强地张开口叫卖那些她亲手腌制出来的咸菜。

焦守凤自己一个人的时候也会哭，也会对父亲的冷酷和不通情理大加埋怨，偶尔会赌气整整一个月都不回家。

焦裕禄知道这些情况以后，耐心地对女儿解释："爸爸知道你受苦了，但是你不要因为是县委书记的孩子就要享受，你要更加不畏艰辛，刻苦工作才是，万不能搞特殊化。"

不久后，焦裕禄病重。焦守凤急忙赶去探望父亲，焦裕禄把跟随自己多年的手表摘了下来送给她，说："爸爸很是对不住你，一没许你继续上学，二没给你分配一个好工作。爸爸心里也难受，你拿着这块表吧，它是跟随爸爸多年的物件，算作我的遗产，交给你做个念想。"

焦守凤听到爸爸向她诉说衷肠，顿时泪流满面。爸爸留给她的这块表也成了她一生最珍贵的宝贝。

1966年2月26日，河南省委经多重考虑，最终决定将焦裕禄同志的遗体由郑州转迁至他生前工作的兰考县。

焦裕禄遗体迁至兰考的当天，当地群众悲痛万分，自发组织送焦裕禄最后一程，大批的群众望着焦裕禄的棺木痛哭失声。转移到墓地的路程不过三公里，却由于群众的悼念活动走了两个半小时。

焦守凤终于深深地理解了父亲为何受到爱戴，他在兰考工作期间，清正廉明不搞特殊化，以百姓的幸福作为自己的志向与目标。他把兰考人民当作自己的亲人去爱护，与他们同呼吸共命运。

焦裕禄工作的那五十年，从来没贪图私利，用权力搞特殊化，他们的家里至今仍十分拮据，而在焦守凤心里，这个刚直不阿，心怀人民的父亲形象深深感染了她，"不准搞特殊"的家风也成了焦家始终恪守的准则。

（摘自《郑州晚报》）

名人名言：
公其心，万善出。——方孝孺

思法治保太平

林伯渠 不徇私情灵魂之风

林伯渠是中国共产党德高望重的老同志。早年革命的时候，他就追随孙中山在同盟会中任大总统秘书长一职。林伯渠做官清正，有着著名的"三不"原则：不搞特权、不收贿赂、不娶姨太太。

这在旧政府的官员里面简直称得上独树一帜。1917年，他担任湖南省财政厅厅长，这可以说是能捞取大量好处的肥缺。那时，人们还不了解林伯渠是一个怎样的人，认为他同其他官员一样贪赃枉法。于是在他上任之初，一大批人上门来送礼巴结，林伯渠见了非常气愤，他站在家门口，面红耳赤声色俱厉地怒斥这些送礼的人，并把他们赶出了大门。林伯渠不仅清廉，而且工作能力非常强，他就任期间，填补了往届厅长遗留下的大额财政亏空。不但如此，在他任满之际，财政厅的账目内还有结余的钱。如此一来，他更加让人信服、钦佩。林伯渠在成为中共党员之后，依旧坚持着清廉刚正的原则，他还将这样的原则作为教育自己孩子的要求。

特权思想要不得

林伯渠有个侄子叫林秉连，也是一位共产党员。1938年年初，林秉连到了延安，因为抗战形式的需要，组织上准备安排林秉连去敌后开展工作。林秉连风尘仆仆到达延安没几天，还没有顾得上喘口气就要去敌后，感觉非常委屈。于是他去央求林伯渠出面向组织提出，在延安多留一段时间。但是林伯渠不同意他这么做，他劝侄子说："你不能因为我是边区政府主席就可以对组织上诉苦，搞特殊，我们是共产党人，特权思想绝对要不得。"经过林伯渠苦口婆心的劝说，林秉连转变了自己的思想，欣然收拾好行李出发，直奔敌后。不久之后，在一次激烈的战斗中，林秉连壮烈牺牲。林伯渠得知消息后，虽然十分悲痛，但是也为家中出了一位抗日英烈而自豪。

林伯渠有一个亲戚在延安附近的医院工作，距离边区政府有十多里远。某一天，这个亲戚骑着马来看望林伯渠，但是林伯渠见到骑着马的她以后，一反往日亲切和蔼的态度，气愤地对她

说："以后要是骑马就不要来了！"见到亲戚一脸惊慌委屈地看着他，林伯渠又放缓了语气，耐心地告诉她："公家的马不可以随便骑的，现在的牲口对革命有大用处。你们刚参加革命，年轻力壮的，要好好锻炼。我们家里有好些人只会读书，不劳动。他们刚从学校出来身体就垮了。现在，我们家我算是寿命比较长的，快六十岁了，那也主要是锻炼出来的。如果不是长征时爬雪山过草地把身体锻炼好了，恐怕我也不在人世了。"林伯渠用自己的亲身经历说服了亲戚，以后她再来看望林老时，往返都是步行。

以身作则完善法制

林伯渠时刻严于律己的作风深深地影响了他身边的共产党员，徐特立就曾赞扬他的这一精神堪为楷模。不论在哪个革命时期，林伯渠虽然都执掌财政大权，却从未为自己牟取任何私利，在工作上鞠躬尽瘁，在生活中不断要求自己发挥党员的先锋模范作用。漫漫长征路，他从未骑过马，都是与普通红军战士一起走，提着马灯，拄着一根棍子，蹒跚而行。林伯渠从不认为自己的职务高就要搞一些特殊化，而是与红军战士们同甘共苦。很多次警卫员见到他身体状况不好，都劝他骑马，他总是幽默地回绝说："你看大家都是用两条腿跋涉千里，如今我已经比他们多一条'腿'，何必再多加一条呢？"大家笑完之后，林伯渠依旧坚持拄着棍子前进，并做到了绝不掉队。

在陕甘宁边区的时候，年迈的林老依然努力工作，恪守原则。按照规定，林伯渠的住宿规格很高，被分配了三孔窑洞，他却执意不住进去，依旧住自己原来的普通窑洞，而把组织上分配的这三孔窑洞改作办公室。到了中华人民共和国成立以后，林老依旧恪守艰苦朴素的作风。不仅衣着简朴，更不允许在饮食方面太过讲究，而且亲自管账。他住在中南海怀仁堂后面，房子年久失修，组织上多次提出帮他修缮，但因林老嫌费用过高，拖了将近十年。

林伯渠在考察了基层干部的工作后，对他们提出了几点要求：第一，上层领导考察不用集体接送；第二，不要让琐事影响党的工作；第三，党员干部之间不许请客送礼；第四，生活中不许搞个人特殊化。这"四不"至今仍传为佳话。

林伯渠是坚定的法治主义者，对于触犯法律的人，他向来主张严惩不贷。一个叫肖玉璧的将领，曾立下赫赫功绩，身上到处是伤痕，组织考虑到他身体的状况，让他任基层税务所的主任。他就任之后，不但不克己奉公，还居功自傲，认为自己有贡献于国家，就应该得到报偿，于是置法律党纪于不顾，借职务之便利，为自己牟取私利，最可恶的是将非常紧缺的粮油等物资私自卖给了国民党。事情败露后，肖玉璧依法被逮捕，按照法律规定判处死刑。对此肖玉璧百般求情，但是林伯渠没有半分犹豫，还是将他执行了死刑。这种依法办事的做法,不仅震慑了犯罪分子,而且充分赢得了人民群众的信任,使边区人民政府的威望大大得到提升。

(改编自《不徇私情的典范-林伯渠严格要求晚辈亲属二三事》与《延安时期老一辈无产阶级革命家的廉洁风范》)

沈钧儒 法治先驱的"依法治家"

沈钧儒是民盟创始人之一,身为著名法学家的他可以说是中华人民共和国法律发展的先驱。沈钧儒先后担任过律师、上海法务大学教务长、中华人民共和国第一任最高人民法院院长等。可以说,法律的严谨与公正已经深深地刻在沈钧儒的灵魂深处。而沈钧儒在持家时,也制订了严格的家规,监督着家人的一言一行,努力将自己的后人培养成为彬彬有礼而又有出息的人。

严格育儿重视教育

沈钧儒是一位非常慈祥的长者,推崇和谐融洽的家庭相处方式。他反对过度宠爱孩子，不做区分地顺从他们的一切行为。他认为最理想的教子方式应当是"规矩为先，教育为本，逐渐放手，体验中成长"。而沈钧儒也始终坚持着这样的理念。

有一次外出旅行，沈钧儒在船上看见一对母女，母亲对孩子的溺爱已经到了有些过分的程度，反反复复地念叨着："阿囡当心""勿跑远""外边有风勿要去"这样的话。即使是天气很热，母亲仍然强行要求孩子戴上帽子围好围巾。沈钧儒对这位母亲的行为颇不以为然，认为这么做是"断送一个好孩儿"，并在给妻子的家书中对此进行了批评。

对于自己孩子的教育，沈钧儒则通过写家书、给建议、建规则等方式树立家规，强化孩子的和睦意识、友爱意识与学习的自觉性，但其他的事情他并不妄加干预。沈钧儒治家的风格与他毕生钻研的法律事业有很大的相通之处，给孩子们划定一个必须执行的底线，只要不越出底线，孩子们就拥有充足的自由，但是底线是绝对不能碰的。

沈钧儒非常看重学校教育对孩子的影响，他让自己的儿子到外国去求学，以求得新知，让自己的女儿在金陵女子大学读书以获得更好的教育。沈钧儒告诉孩子们要时刻坚持学习。他告诉孩子们："人会老，但是知识是不会老的。"所以每天他都要求孩子们看书，做到"终身学习"。

教育和学习是沈钧儒的治家之本，也是他家规中最为重要的"底线"，他自己坚定地不去越出这一底线，也不会放弃对孩子的教育和发展孩子的学业。他的孙子沈宽回忆起爷爷时这样说道："爷爷非常重视对下一代的教育，只要孩子能上学读书，即使家中囊中羞涩也是值得的。他愿意看到年轻人多学知识，开阔视野，肯于上进，因此就算再大困难他都不放弃对孩子的教育。"

沈钧儒儿女众多，他对于自己家庭中的和睦关系也十分重视，要求自己的子女们互相理解、包容与体谅。在子女们还很小的时候，他教导他们之间要互相关爱，年龄大的要谦让小的，反之，年龄小的也要尊重大的。眼看着儿女们日渐成长，他告诫他们要懂得换位思考，体谅自己的手足。这一点在他的《家书》中得到了充分的体现。如果子女出现了不和睦的行为，沈钧儒轻则婉言责备，重时则会对子女进行严厉的申斥，从不姑息。这严格的家规使沈钧儒拥有一个非常团结而和睦的大家庭，长慈子孝，兄弟贴心。

严格而细致的家规

沈钧儒对家规的制订非常上心，为了制订出严格、科学、细致的家规，他在苏联出差时专程买了一本如何教育儿童的书，以此为参考来教育孙辈。而他在制订种种细致的家规之前，事先对这本书进行了深入的研读。他经常一边阅读，一边批注，对文中的观点与看法逐条进行论证与再批判，对书中内容的研究甚至达到了专业水平。他的孙子沈松表示，爷爷对这本书批注的数量与质量甚至达到了"再出一本论文集"的水平高度。

在深入研究有关材料之后，沈钧儒结合家中的实际，建立了一系列家规。他要求家中无论老少，每天都要坚持看报纸，了解时事与国家政策，做到不出门便知天下事。即便是他上小学的孙子，回家后第一件事也是先读报，将报纸上的内容熟记于心之后再做作业。沈钧儒认为，通过家规帮助自己的家人们养成读报的习惯，可以开拓他们的视野，陶冶他们的性情，也可以做到让他们时时刻刻与党和国家保持高度的一致。这一点他要求得非常严，不容违反。

除此之外，沈钧儒对家中日常生活也进行了很多细致的规定。就餐礼仪方面，他要求家人吃饭时不能大声说笑，要细嚼慢咽；日常生活方面，他要求家里的东西要摆放整齐，被子要叠好，不能出现床铺凌乱或者东西乱放的现象；沈家人严禁赌博，甚至是娱乐性的打麻将和打牌都不允许；晚辈一定要尊重长辈，礼拜天早上要去给长辈请安。沈钧儒不仅带头定规，更带头守规，通过家规确立了沈家和睦团结、积极清明的家风。

沈钧儒严格的家规家教培养出了沈家人朴实无华、健康积极的品格。他的孙子沈松说："在我们看来，金钱名利不过是过眼烟云，平平淡淡方得幸福。爷爷的家教和石头的品性，会继续在沈家发扬光大。"

（参考自人民网：《痴迷石头的开国大法官》）

曹操 守规尚法的一代枭雄

曹操是三国时期的一代枭雄，历史上争议很大。但是，曹操对法治的贡献则是历史学家有目共睹的。曹操承认法治的重要性，他坚持用强大的法律治理国家、管制军队，认为唯有如此才能使国家安定有序，军队章法严明。依靠法治，曹操统一了北方，推动了国家的发展。

强调法治不惧官威

曹操出生于一个显赫的官宦家庭。年轻时的曹操有胆有识，他自入官场以后，就开始坚定地践行自己的法治理念。他20岁的时候到洛阳任职北部尉（这个官职类似于公安分局的局长），洛阳作为东汉的都城，是权贵的聚集地，各类关系盘根错节，治理起来非常困难。曹操就任之后便明令法纪，为表执行法纪的决心，他将惩戒犯法者的五色大棒置于衙门内左右两侧。"有犯禁者，皆棒杀之"。

深得皇帝宠幸的宦官蹇硕有个叔父叫蹇图，有一次违反了洛阳宵禁的法纪被曹操抓获，曹操丝毫不管他是什么身份，申明律令后，便按照法律，让手下用五色棒将蹇图处以死刑。曹操此行震惊了整个洛阳，让大家看到这位年轻的官员雷厉风行的手段，这也让大家都不敢犯法。曹操因处死了蹇图而得罪了当朝权贵，碍于曹操父亲曹嵩在朝中的关系，蹇硕没能把曹操怎么样，但是曹操却也因此遭到贬斥，到远离洛阳的顿丘（今河南清丰）任顿丘令。

汉灵帝中平元年（184年），曹操因剿灭黄巾军有功被调至济南，任济南相。济南内的权贵更是互相盘结，无恶不作，导致当地发展十分落后。曹操到任之后，大力整顿政务，恪守法治，奏免不称职官员多达八人。曹操处事公正严明，为人称道，使当地贪腐官吏闻风丧胆，四处逃窜。

后来，曹操从父亲那里要得一些钱，招兵买马，在陈留组织了一支五千人的队伍，以陈留为根据地，开始起步。经过数年的精心经营，他的势力逐渐增大。随后，他挟天子以令诸侯，一一扫除纷乱的诸侯，基本统一了北方土地。曹操的成功，很大程度上取决于他德治与法治相结合的治军原则。在其颁布的《败军令》《存恤从军吏士家室令》两个令中可以看出曹操治军的理念就是严与仁相结合，与其治理地方行政的理念是一样，即所谓"德刑并重"。

以身作则不徇私情

在历经数年统一了中国北方地区后，曹操开始着手恢复地方经济发展。他见北方地区因多年战火纷飞，民不聊生，田地荒芜，就决定让百姓屯田。其部下劝谏曹操对不想屯田的百姓不要强求，以免引来民众心中不安，曹操采纳了建议。由于民心安定，百姓支持，数年之后，曹操的军队因此拥有了强大的经济后盾。

屯田令颁布之后，百姓开始种植庄稼，丰收之际，百姓深感欢欣，而军队也获得了重要的粮草补给。有一些士兵却并不爱惜粮食，任意踩踏毁坏粮食，曹操得知后大怒，很快下了一道军令：全军将士不得破坏庄稼，违者杀无赦。

时年建安三年（198年）六月，曹操亲率大军征讨袁绍，就在行军路上，曹操的坐骑受到惊吓飞奔至麦田中，践踏了一块麦田。曹操见到自己触犯了军法，赶忙勒马回行，找来主簿，命令他依法处置自己。曹操表示按照之前颁布的军令，破坏庄稼应该杀无赦，于是他拔出剑就要自刎。身边的将士们赶忙拦下，都求情说道："这是战马受到惊吓，而不是您自己的意愿，万万不可治罪。"曹操见众将士不断恳请他收回成命，沉思一阵之后说道："我是军队主帅，更应当以身作则，犯了法令应当治罪，死罪可免，但活罪难逃，我用自己的头发来替代脑袋吧。"说罢，提起宝剑倏地割下自己的一缕头发。

后世对这件事情有一些争议，有人认为曹操这是在装腔作势收买人心。但是立足于当时的历史环境，其实割头发也是一种刑罚，称为"髡（kūn）刑"。虽然曹操只是以割头发代替死刑，但是依旧可以看到他以身作则，用行动捍卫依法治军的决心。

曹操对待自己的孩子同样非常严格，要求他们一切依法行事。曹操对自己的儿子曹植极其宠爱，很想立其为世子，但是曹植由于恃宠而骄，放纵不羁，却又因此使自己失了宠。有一次，曹植乘车在"驰道"上走，又私自打开"司马门"出去。"驰道"乃是天子的行车之路，他人如果私闯就是犯法。曹操知道后，十分生气，宣布说："一开始，我以为曹植是我孩子中最能成大事的人，但是自从他私自开门、走驰道以后，让我对他失望了！"曹操最终也没有立曹植为继承人，可能别有他因，但曹操严厉的家风却可见一斑。

（改编自《曹操以法治国促进统一北方》，文章来源为《大河报》，有删改）

名人名言：

法者，天下之仪也。所以决疑而明是非也，百姓所县命也。——管子

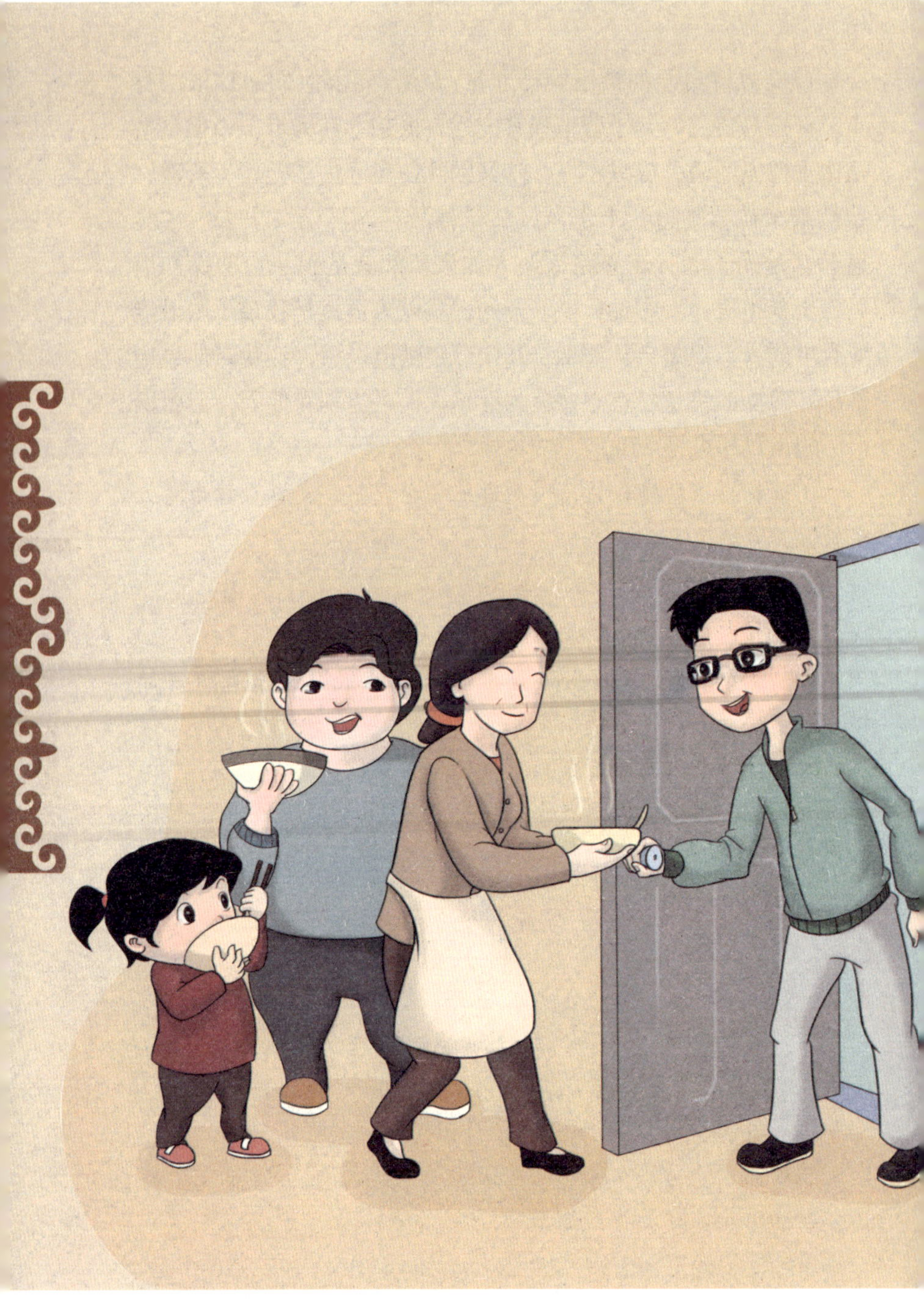

第三章 人民友善心无瑕

爱国情铭心中

梁启超 寒士家风成就爱国传奇

梁启超是近代中国的杰出人物,既是著名的政治家,又是享誉文坛的大学者。而不仅如此,他对自己孩子的教育也非常成功。梁启超一共生育了十个子女,除了早逝的思忠和生下不久即夭折的"小白鼻"外,其余八位全部成才。

满门英杰举世罕有

梁启超十个儿女中,曾有七人到国外求学或工作,并相继归国成为著名的学者或专家,有建筑学家、考古学家、航天专家、图书馆专家、社会活动家、经济学家、爱国军人、诗词研究家等,其中梁思成、梁思永于1948年入选中国科学院第一批院士,幼子梁思礼是中国当代著名的火箭系统控制专家、中国工程院院士、国际宇航科学院院士。一门三院士,这不仅在20世纪中国绝无仅有,到今天也是极为罕见的。梁启超成就了"一门三院士,个个皆才俊"的家教传奇。

在教育方面,梁启超告诫子女:"要吃得苦,才能站得住。"他的子女谨记父亲的教诲,个个都养成了艰苦奋斗、坚忍不拔的精神。在极为艰苦的条件下，梁思永一直主持河南安阳后冈、山东章丘龙山镇、西北冈等重要考古项目的发掘工作，首次确定了仰韶、龙山和商文化的相对年代。

梁启超告诉孩子，读书分三步，即：鸟瞰、解剖、会通。鸟瞰就是先像诸葛亮读书那样"观其大略"，了解书的基本情况，把握书的重点。解剖指的是对书的每一部分用心攻读，细细解构书中的重点思想，仔细研究出现的疑难问题，准确地记住这些问题。会通则是最后一步，指的是融会贯通，把书的逻辑框架和知识点串联起来，内化成自己的东西，全面彻底了解全书。梁启超非常注重对子女学习毅力的培养，强调学习必须敢于钻研，善于钻研。同时，他也会用自己的治学心得启发儿女："不骄不馁，方能成就事业。"

梁启超告诫已到美国留学三年的梁思成："分出点光阴多学些常识，尤其是文学，或人文科学中某些部分，稍为多用点工夫。我怕你因所学太专门之故，把生活也弄成近于单调。太单调的生活，容易厌倦，厌倦即为苦恼，乃至堕落之根源。"他还告诉思成："凡做学问总要'猛火熬'和'慢火炖'……循环交互着用去。在慢火炖的时候才能令所熬的东西起消化作用……你务必要听爹爹的苦口良言。"

梁启超非常注重培养孩子坚强的意志、顽强的毅力。他认为，子女们能否成才，关键是要看有没有坚强的意志和毅力，这是战胜人生一切挫折的武器。为了培养子女们的意志和毅力，他从不溺爱子女，要求子女们艰苦朴素，守住寒士家风，鼓励子女们在逆境中磨炼品德。比如，梁思成、林徽因夫妇从美国学成归国后，父亲梁启超建议他们不要前往生活舒适的清华园，而是去条件艰苦的东北大学任教。梁思成夫妇没有辜负父亲的期望，埋头于中国历史建筑的教学、研究与田野考察，后来成为中国建筑学研究的翘楚。

培养孩子的爱国热情

梁启超深受传统的修身治国文化的影响,他的爱国情怀和社会责任意识格外强烈,他也将这种情怀和意识自觉地传输给他的孩子们。梁氏家书中这种笔墨流露丰富而感人,如1916年2月,他为推翻袁世凯复辟而秘密离京前所写家信说"全国国命所托,虽冒万险万难不容辞也",这种为国担道义,慨然不畏死的情怀让人肃然起敬。其他诸如"我是最没有党见的人,只要有人能把中国弄好,我绝不惜和他表深厚的同情""人生在世,常要思报社会之恩"等,全是一个深沉爱国者的肺腑之言。

梁启超曾经深情地表示:"孩子们将来做什么,我不强求。只要求品德高尚,做对我们这个国家有用的人。""……于社会亦总有多少贡献。我一生学问得力专在此一点,我盼望你们都能应用我这点精神。"

在梁启超的九个子女中,先后有七人曾到外国求学或工作,他们在国外都接受了高等教育,学贯中西,成为各行各业的专家学者,完全有条件进入西方上流社会,享受优厚的物质待遇。但是,他们中却无一人留居国外,都是学成后即回国,与祖国共忧患,与民族同呼吸,这是与梁启超的爱国情怀与爱国教育分不开的。

戚继光 名将之家的忠魂传承

戚继光是一位文武双全的将军，也是明代最负盛名的将领之一。他的成功，和他父亲戚景通的教诲密不可分。戚家人爱国尚武的家风深深地镌刻在了戚继光的灵魂深处，最终铸就了他抗倭传奇的显赫威名。

戚景通本人也是一位清正廉明的著名将领，家里世代从军，一直都是明朝军队中的一支中坚力量。戚景通56岁的时候才生下戚继光，他十分疼爱这个幼子，也希望儿子可以继承戚家世代从军的光辉事业，因此他给儿子起名为"继光"。但是，戚景通对孩子的疼爱绝非溺爱，而是严加管束，耐心教诲，始终将戚继光的品格约束在正轨之上。

戚景通在工作时常常把戚继光带在身边，因此戚继光从小就接触到很多行军打仗方面的事情，这在他小小的心灵里播下了尚武的种子。而戚景通很快就发现了儿子军事方面的天分，在戚继光跟小伙伴们玩打仗游戏的时候，他会悄悄来到孩子们的身边，一边陪孩子们玩，一边寻找机会给孩子们指点战术，并教育他们要为国家而战。

但是与此同时，戚景通并不愿意把孩子教育成一个鲁莽的武夫，而是将儿子往文武双全的方向上引导，耐心地督促他读书，

培养他的品格。

有一次戚景通问儿子："继光，你的志向是什么？"戚继光回答说："儿子志在读书。"

戚景通非常欣慰，但是仍然不忘开导儿子："读书时要始终记得忠、孝、廉、洁四个字，否则书读得越多反而越坏。"在这次交谈后，戚景通还特意命人把这四个字刷在了墙壁上，让儿子随时都可以看到。

这种高尚的品格深深地感染了戚继光，他曾经对父亲说："您从小教我读书习武，还教我做一个品德高尚的人，这是给孩儿最宝贵的产业。孩儿从没想过贪图安逸和富贵，我只想早些像岳飞建'岳家军'一样，创立一支'戚家军'，好好报效祖国。"

戚景通经常用岳飞"文官不贪财，武官不怕死，国家就兴旺"这句话督促戚继光，让他终生牢记这句话，认真读书，勤奋习武，报效自己的祖国。戚景通在临终前，把戚继光叫到身边，告诉他："孩儿呀，为父的唯一能给你留下的遗产，就是我身边的这部兵书了，这是我一生的心血，我所有的从军经验都在里边了，将来你用它报效国家吧！"

戚继光跪在地上，双手接过这部凝结了父亲殷殷期望的《戚氏兵法》说："孩儿一定不懈研读这部兵法，不管将来遇到什么艰难险阻，我也绝不会丢弃您的教诲与嘱托！"

从此，戚继光立志继承父亲的事业，把"不求安饱，笃志读书"和"身先士卒，临敌忘身"作为自己的座右铭，开始了自己传奇的一生。他在诗作《韬铃深处》中写下："封侯非我意，但愿海波平。"这句诗成为他毕生的真实写照。

为达到组建"戚家军"的宏愿，戚继光付出了无数的心血。

戚继光生活的年代战乱不断，以日本浪人和武士为主力的倭寇经常骚扰我国的东南沿海地区，烧杀抢掠无恶不作。为了抗击外侮，保护百姓的生命和财产安全，戚继光遍访祖国各地寻找良好的兵源，最终在浙江省义乌地区发现了很多朴实勇武的矿工与农民。戚继光于是毅然树起了旗帜，组建了一支属于自己的军队。

历史上威名远扬，战功赫赫的戚家军就此成立。

戚家军以严明的军纪，高水平的训练以及强大的战斗力而闻名于世，而戚继光在经过苦心钻研之后，为这支军队配备了"鸳鸯阵""三才阵"等精妙阵法，使戚家军成为了一支抗击倭寇的王牌部队。在戚继光的率领下，戚家军所向披靡，经常出现戚家军仅以几人受伤的代价换回大破倭寇百人的战例。百战百胜的战绩和高达十余万的杀敌纪录，使戚家军被誉为"16至17世纪东亚最强军队"，穷凶极恶的倭寇一提到戚家军就会脸色大变，浑身发抖。

忠诚，正直，骁勇，清廉。戚景通为戚继光留下了一笔宝贵的精神遗产，最终成就了一代名将的千古英名。

常香玉 爱国艺人的无悔人生

常香玉是我国著名的豫剧大师，代表作有《花木兰》《拷红》等。她不仅因为艺术方面的成就享誉全国，也因为对自己祖国的热爱而被众人广为称赞。

为抗美援朝捐献了一架飞机

1951年，28岁的豫剧艺人常香玉做了件轰动的事：向正在朝鲜与"联合国军"作战的中国人民志愿军，捐献一架战机。

这年6月，中央人民广播电台里播发了一条来自朝鲜前线的消息：中国人民志愿军高地遭受百余架敌机狂轰滥炸，全连战士全部牺牲，举国震惊。常香玉说，当时自己一夜没睡，一大早就忍不住把丈夫陈宪章叫醒说："志愿军在朝鲜打得太艰苦了，我们捐架飞机，中不中？中咱就干。"陈宪章毫不犹豫地回答说："中！"

大家算了一笔账，一架喷气式飞机需要旧币15亿元（新币约15万元）。按当时常香玉的演出标价，场场爆满，她也需要不吃不喝唱上200多场。为了启动义演，常香玉卖掉了家中唯一值钱

的卡车和房产，甚至掏出了压箱底的最后一点钱。

8月7日，常香玉率59人的"香玉剧社"从西安出发，开始了行程万里的巡回演出。剧社一路南下，先后在开封、郑州、新乡、武汉、长沙、广州等6个城市演出。

最轰动的是在广州，听说是为抗美援朝义演，出租方免掉了场租，观众看完了仍然不走，一些华侨干脆脱下手表就向台上扔。捐出的金表就直接拿到剧院门口拍卖，一下子就是几十万。买下表的人也不拿走，把金表又拿出来捐。转眼间，一块表价值就升到了几千万。

而在剧社到达广州的当晚，时任中共中央华南分局书记、广东省主席的叶剑英，就去观看了常香玉的演出，深受感动。在演出结束后，他在演出后台提笔写下了四个字"爱国艺人"。

这个头衔在此后的几十年也成为常香玉的另一个别称。仅在广州一地，香玉剧社就募集到了购买飞机三分之一的款项。

一时间，大江南北争相传唱《花木兰》，演出受欢迎程度远远超出了剧社预期。义演一共进行了180多场，场场爆满，观众达30多万人。仅仅半年，常香玉就募集到了买飞机所需的15亿元（旧币）资金。

飞机购到以后被命名为"常香玉剧社号"，并很快抵达朝鲜战场。多年后，这架"米格15"型飞机作为历史的见证，被存放在了北京郊区的中国航空博物馆里。

当年的《人民日报》头版头条也发表了文章，题目叫"爱国艺人常香玉"，文章虽只有短短千余字，但在当时的老百姓看来，这就是代表了党中央在说话。抗美援朝总司令彭德怀也专门接见了她，说："常香玉不简单！"

为"非典"捐献了1万元

常香玉自始至终都贯彻着爱国的坚定家风。她的大女儿常小玉说，母亲非常关心群众疾苦，经常说："一口饭能救活一个人哪。"她的生活非常朴素，有的衣服补了穿，穿了再补。她秋冬季穿的秋衣秋裤都是穿了十多年的旧衣服。去世前，她床上铺的还是用了几十年的粗布单子，从不舍得乱花一分钱。可是每逢国家有难，群众有苦，她又总是解囊相助，毫不吝啬，她经常对孩子说："不该花的钱一分也不能花，该花的钱上万也要花。"

到了晚年以后，常香玉已经很少参加社会活动了。但是2003年"非典"肆虐的时候，常香玉深深地被战斗在抗非典第一线的白衣战士的精神所感动，因此决定从自己微薄的工资中拿出1万元钱捐献出来。她告诫自己的女儿和学生："国家的难，就是自己的难，每个人都应该为抗击非典、消灭非典做点事儿。"

常香玉和她那一代许多艺术家一样，既无走穴的巨额收入，又不随便做商业演出，她的个人收入全部来自作为一位职业演员的薪水。1万元钱是节衣缩食攒下的辛苦钱。看着老人捐出的1万元善款，不少人泪水在眼眶里打转。"她不仅是豫剧大师，还是一个爱国的人，一个完整的人，一个大写的人，她的善举所体现出来的精神力量是无法用金钱衡量的。"一家报社的总编辑如是说。

（摘自《重庆日报》：戏比天大的人民艺术家，有增补删改）

名人名言：

一身报国有万死，双鬓向人无再青。—— 陆游

永敬业亦英雄

侯宝林 精益求精的艺术大师

侯宝林是著名的相声艺术大师，他在相声界享有崇高的威望。而在家庭教育方面，侯宝林做得也非常成功，他的两个儿子也都成了著名的表演艺术家，在艺术方面取得了巨大成就。

曾经极力反对儿子说相声

侯宝林对两个儿子侯耀华与侯耀文从小要求就十分严格，不允许他们把相声当成是爱好或者儿戏。他常常说："相声是一门综合艺术，不是消愁解闷耍贫嘴，没有丰富的生活经历和多种知

识,是干不好这一行的。"因此,尽管两个儿子小时候在相声表演上都很有才能,但侯宝林却极力反对儿子们说相声。

而侯耀文最终能获得父亲的允许去说相声也是费了一番周折。耀文8岁就迷上相声艺术,父亲反对学,他就偷偷地学,一招一式已开始有点侯门相声的味道。耀文读初中时,铁路文工团向社会公开招考相声演员,他被一个同学拉去应考。他表演的是刚在北京市中学生文艺会演中获得优胜奖的段子《学校采访记》,结果被主考官一眼看中。但这时候,侯耀文却感到为难了。他是背着父亲去应考的,因此,当主考人员打算录取他时,他支支吾吾地说:"我……我爸爸不同意我当演员。"主考官有点奇怪,问道:"你父亲是谁?"

"侯宝林……"

好家伙!站在眼前的居然是相声大师的儿子。主考老师恍然大悟,难怪这孩子这么犹豫,是怕影响了父亲的名声。随后,铁路文工团便派人上侯家,不知费了多少口舌,侯宝林还是一个劲地摆手,坚持说:"相声从街头撂地摊,到现在登了大雅之堂,它不再是生活的小丑,生活的调料,而是一种雅俗共赏的艺术。所以,要求相声演员应有渊博的知识和丰富的阅历,要有一定的文化水平,耀文初中还没毕业,不适宜当演员。"

"您放心,耽误不了他的学习,我们负责给他补习文化。"来人苦口婆心地说服侯宝林。

耀文也赶忙表态:"爸爸,我先当好学生,然后再当演员。"话说到这个地步,侯宝林才同意了耀文的要求,同时也强调"不能在台上胡说八道"。侯耀文成了专业相声演员后,侯宝林对他的要求更严格了,品德上一丝不苟,艺术上精益求精,从不马虎了事。

要争取做个艺术家

有一次，侯耀文乐滋滋地回家，刚进门就感觉一阵凝重——父亲沉着脸正在生闷气！一见气氛不对头，赶紧"三十六计，走为上计"。他正要转身开溜，只听父亲大喝一声："过来！你脸红不红？说的什么玩意儿？"侯宝林指的是儿子最近演的那个相声《山东二黄》，觉得他把段子演砸了，疾言厉色地一通训斥。耀文不明底细，不敢和父亲辩解。第二天，耀文急忙赶到团里，将录音调出重新听，原来不是他与石富宽合说的，于是急忙拉着石富宽一起去向侯老先生声明，要求"平反"。耀文壮着胆说："爹，您消消气儿，那段相声不是我俩说的，你听岔了。"

"那为什么听着那么像？"侯宝林问。

"有人跟着瞎学呗！"侯宝林在弄清事实真相后说："《山东二黄》是个传统段子，两个演员的唱腔，不管是京戏还是山东戏都不对，根本不该上舞台，何况还录了音在电台上播呢！你俩要说，我帮你们排。"

两个年轻人喜出望外，于是家里成了排练场。侯宝林一遍遍地给他们示范。他们得到侯氏技艺真传，学得真谛，演出的效果自然非同寻常。

有次侯宝林问儿子："你是想当个名演员、好演员，还是想当个艺术家呢？"

"这两者有什么区别？"耀文不解地问。

"过去当个名演员十分难，现在可容易多了。说个好段子，一下子就传遍全国，那无线电一天播三遍，连着播一个月，就可以出名了，更何况还有那电视，连演员的眉眼也都瞧得见。可是，你们到底懂多少相声？我干了一辈子，越干越觉得这门艺术高深。你千万不可沾沾自喜，有点儿名后，要争取当个好演员，从创作到表演，说、学、逗、唱，都得有一套，最后要争取做个艺术家。有自己的风格、流派,有自己的相声理论。一句话,你不能止步不前,要争取做个艺术家。"

耀文明白了父亲的话。侯宝林接着说:"对!你要奋发努力,外国人写中国相声的论文拿到博士学位的已经好几位了,但我们国内还很少有人系统地研究它。你们该琢磨怎么干点我们这一辈子没人干过、没干成的事儿。"攀登相声艺术的最高峰,争取做个艺术家,标准是够高的,侯耀文正是这样牢记父亲的教诲,始终兢兢业业地努力,向这个目标不懈进军。

(摘自网易历史专栏《曾极力反对儿子说相声:侯宝林教子轶事》,有改编)

李时珍 世代名医不堕济世之志

明代杰出的医药学家李时珍是广受赞誉的著名医生,而他的成功,很大程度上得益于他父亲的支持与指导。李时珍的父亲李言闻也是一位悬壶济世、被老百姓交口称赞的名医,李家作为行医世家,广受尊敬。

名医离不开父亲的鼎力支持

最早的时候,其实李言闻是不支持儿子行医的,因为在他们生活的朝代，有上中下"三九流"之说，医生只排在"中九流"里，在社会的普遍认知看来，地位并不算高，远不如读书人。一天，父亲对李时珍说："为父并不希望你跟着我学医，咱们这一行，有你哥哥传我衣钵就行了。你要知道，学医是没有什么地位的呀！这年头唯有读书好，你还是趁年轻多读点'四书''五经'，准备科举吧！"

但是李时珍从小看着父亲治病救人，看着被治好的病人感激涕零的样子，他十分受感动，所以他决心像父亲那样，一生从医。在父亲跟他说这些之前，他其实暗地里已经研究了很多医书。因此他便对李言闻说："父亲，现在很多百姓看病困难，疾病流行时很多人只能等死，而那些当官的对此却麻木不仁、毫无所谓。我不想混个功名，厚着脸皮在官府里碌碌终生。我认为，只有从医才能利民。古人以学术报亲，我就从医报父，学医报国！"

李言闻听了儿子的这番表白，被深深地打动了，也不好再说什么。他用实际行动支持儿子的心愿，将自己的毕生所学倾囊相授。李言闻深刻地意识到，从医其实是一门很深的学问，文盲是肯定学不好的。因此，李言闻并没有急着让儿子直接上手学医，而是教儿子首先在读书上下功夫，打好功底。

李时珍是明朝人，那个年代八股文盛行一时，读书人都在死啃"四书""五经"。而李言闻只是把这些当作儿子识字的基础，他不仅教儿子读这些书，还精心挑选了很多与医学有关的书或有关章节，如学习古代的"辞海"——《尔雅》，他选取了里边《释鸟》《释兽》《菊谱》《竹谱》等有关植物、动物的篇章让儿子研读，让儿子对这些与医学密不可分的东西有初步的了解，后来又读了《内经》《伤寒论》《本草经》等古医药书。

在读书的同时，李言闻教儿子特别要重视实践经验，做到理论结合实际。他说:"熟读王叔和(晋代名医,著有《脉经》等书),不如临症多。"在父亲的指导下,李时珍医术大有长进。

《本草纲目》闪耀的济世仁心

在行医的十几年中,李时珍阅读了大量古医籍,又经过无数次临床实践,发现古代的药物类书籍品种繁杂,名称混乱,有的一种药物有乱七八糟的两三种名称,还有的药物明明是不同的药性,却被混杂在一起了。特别是很多药品,明明是有毒的,却被一些不负责任的医书认为是"久服延年"的良药,这简直是伤天害理。

为了不让医生和广大百姓再被这些良莠不齐、谬误百出的医书误导,李时珍决心要重新编纂一部药科书籍。从三十一岁那年开始,他开始着手办理此事。为了"穷搜博采",李时珍更是全力以赴刻苦读书。在把家藏的书读完以后,李时珍开始四处行医,并获得了本乡豪门大户的支持,借此在他们那里继续读书。后来,因为医术精湛,李时珍进入了武昌楚王府,后来又到了北京太医院,这下他读书的机会就更多了,他如饥似渴地日夜研读,简直成了"书迷"。

而在父亲的启示下,李时珍认识到,光读了一肚子书,其实作用并不太大。更重要的是去行走、经历与感悟。于是,他既搜罗百药也行走四方,深入实际进行调查。李时珍穿上草鞋,背起药筐,在徒弟和儿子的陪伴下,跋山涉水,遍访名医专家,甚至深入到乡村去搜求各种偏方,并亲身品尝药味,分析药性,观察和搜集药物标本。

李时珍经过长期的实地调查与研究摸索,解决了很多药物方面的遗留问题,最终,在1578年他完成了《本草纲目》的编写工作。这部书被誉为世界性的博物著作,全书共计约两百万字,五十二卷，记载了一千八百九十二种药物和上万种药方，并配上了一千多幅精美的插图。《本草纲目》成了我国药物学的空前巨著，其中纠正前人错误甚多，在动植物分类学等许多方面也有了很多突出成就，达尔文称赞它是"中国古代的百科全书"。

林则徐
坦荡勤奋临难无畏

林则徐天资聪颖，从小就显现出过人的才智。他在年仅13岁的时候就考中了秀才，被称为"神童"。因此，他的父母决心把他培养为国家的栋梁。尽管家中一贫如洗，父母还是毅然决定让儿子接受最好的教育。他们省吃俭用，把儿子送进当时福建的最高学府鳌峰书院读书。在那里，林则徐拜因为不肯谄媚权贵而得罪了和珅，最终愤然辞官的郑光策为师。

苦心培育立志报国

林则徐既有父母的全力支持，又获得了先生的耐心教导，他刻苦读书，并积极聆听老师关于做人和做事方面的教诲。他在鳌

峰书院发奋学习了整整七年，博览群书大开眼界。在这期间，林则徐为国为民鞠躬尽瘁的思想开始慢慢形成，他摒弃了"读书是为了当官发财"的腐朽思想，树立了"岂为功名始读书"的远大抱负。

　　林则徐的科举之路可谓一帆风顺，他20岁的时候就中了举人，有机会接触到更高的平台。因此，父亲带他加入了"率真会"。这个组织是当地一些知名学者组建起来的，主张革新礼仪，反对繁文缛节和泥古不化，具有十分强烈的革新精神。林则徐在这里接触到很多开明学者，更见到了自己的偶像——因为仗义执言、勇揭贪官而遭到诬陷，曾经被打入监牢、发配新疆却始终不失本心的学界先辈林雨化。父亲鼓励林则徐向这位铁骨铮铮的前辈学习，林则徐深以为然，和这位老前辈成了忘年交。

　　在林则徐的成长道路上，他的父母成了他重要的表率。林则徐的父母为人正直，也一心想把儿子培养成一个刚正不阿的人，所以经常教育儿子，坚决不能随便答应给别人做事，更不能妄取别人的钱财。

在对林则徐的教育方面，父母不仅言语教诲，更以身作则。有几件事，给林则徐留下了十分深刻的印象和影响。林则徐的父亲在当地也是一位享有盛名的学者。有一次，一位富豪拿出重金来向林则徐的父亲行贿，希望林父可以为自己的儿子出面说几句话，帮助其保送文童（相当于今天的保送其子升学）。面对金钱的诱惑和有钱有势的权商，尽管家中缺衣少食，林父却丝毫不为所动，严词拒绝。还有一次，本乡有一位口碑极差，品行恶劣的绅士倾慕林父的大名，上门给出了优厚的聘金待遇，来请林父去教他儿子读书，但是父亲仍然因为厌恶此人的言行而一口回绝。

正是父母疾恶如仇的人生观，以及"不妄与一事，不妄取一钱"的言传身教，使得林则徐一生都行得正，走得直，不为五斗米而折腰。在父母的熏陶下，少年时代的林则徐就对岳飞、于谦等民族英雄深怀景仰，并把他们作为自己人生的标杆。由此可见，林则徐之所以在长达四十余年的官场生涯中始终清正廉明，不慕权贵，成为彪炳史册的一代清官，这与其祖辈清廉的家风和父母严格高尚的教育是分不开的。

鞠躬尽瘁报国不辍

林则徐出生在一个动荡飘摇的时代，那时的清朝已经是风雨飘摇腐朽不堪，皇帝碌碌无为，百官尸位素餐，只有极少数的几个人愿意为了国家的兴盛而奔走努力。林则徐没有强大的靠山，没有显赫的背景，他有的只是一颗"苟利国家生死以，岂因祸福避趋之"的心。他是孤独的，但是尽管如此，孤独的林则徐却始终不忘初心，为了人民和国家鞠躬尽瘁。

从道光十年（1930年）开始，林则徐先后赴任湖北布政使、河南布政使、东河河道总督等职务。在这一年里，林则徐的足迹遍布了湖北、河南、江苏等三个省份，他所到之处必将一扫官场贪腐横行的风气，贪官污吏"闻林丧胆"。而那些封疆大吏也都十分欣赏和器重林则徐，对其以礼相待。这时的林则徐，可谓是"一时贤名满天下"。十月，林则徐被提拔为河东河道总督。这本是个肥差，但是林则徐从来都没有起过贪污一分钱的念头。河道安全与否关系着沿岸百姓的生活，是一个不容忽视的重大问题。因此，林则徐决定亲力亲为，破除高高在上的官僚作风。为了治理好"不听话"的河道，林则徐亲自顶着刺骨的严寒，步行几百里，逐个检查河流沿岸的治水装置，并把相关的地势、水流情况绘成了图画，方便后人了解与治理。

道光十七年（1837年）正月，林则徐又获得了提拔，升任湖广总督，总管湖北、湖南两省。在此期间，一件事情引起了林则徐的注意：湖北省境内分布着众多的河流，水资源非常丰富，但是这带来的负面影响是，每逢夏季以长江为代表的大河就会经常泛滥成灾。

面对这样的问题，林则徐提出了"修防兼重"的理念，并下令严查罔顾水利安全、贪赃枉法的官吏，坚持一切秉公办理。他的努力很快收到了一定的成效，江汉一带数千里长堤几乎史无前例地没有一处缺口，沿岸州县百姓的生命财产得到了有力的保障。

正是这样兢兢业业的办事风格，使林则徐成为当时官场中廉明能干、正直无私，且受群众爱戴的好官。

名人名言：

功崇惟志，业广惟勤。——《尚书》

守诚信绝不弃

陶行知 宁做真白丁，不做假秀才

陶行知先生是我国伟大的人民教育家，他毕生都在追求"捧着一颗心来，不带半根草去"的无私精神，并创立了众多影响深远的教育理论，至今还在影响着无数人。而陶行知不仅将教育作为自己的事业，更把这些理论运用到了自己的子女教育之中，对子女的教育非常严格。他常常跟子女说的一句话就是："一定不要做假秀才。"这句话成了陶行知家风中最为重要的内容。

教人求真，学做真人

陶行知有一句名言："千教万教教人求真，千学万学学做真人。"这也是他对子女的根本教育理念。

陶行知的二儿子陶晓光学习成绩并不是很好，因此没能获得正规学校的学历证书，这使陶晓光在找工作的时候遇到了一些困难。对此，陶晓光非常发愁。

1940年夏天，有人介绍陶晓光到一家无线电修理厂工作。听到这个消息后陶晓光十分开心，赶快收拾好行囊前往工厂。可是来到工厂之后，却被厂方要求出示自己的学历证书。陶晓光已经不知道是第几次在学历证书上遇到麻烦了，但是，他真心喜欢这份工作，为了守住这份来之不易的工作，陶晓光绞尽脑汁之后冒出一个歪主意：他给陶行知所在学校的副校长写了一封信，请求他给自己"伪造"一份学历证书寄来。

陶行知当时是学校的正校长，碍于这层关系，副校长很快就制作好了一份"毕业证书"，给陶晓光寄了过去。但是证书刚一到陶晓光手中，他还来不及高兴，父亲陶行知的急电也到了。

急电中陶行知用非常严厉的语气斥责了陶晓光，并且绝不允许陶晓光使用这本假证书，要求他立即将证书寄回学校。

被训斥得羞愧难当的陶晓光刚看完父亲的急电，又再次收到父亲的一封手写信，信中告诉他："我们必须坚持'宁为真白丁，不做假秀才'的主张。如果你的现有条件不符合工厂的要求，在工厂允许的情况下，我们宁可自己出钱，不拿薪水，也要帮助国家的工作，同时这也是个跟各位老工人和专家学习的好机会。如果工厂不允许我们留下，你还可以回来，去金大电机工程学习，好好完善自己。"

陶晓光读完信后十分感动，他感谢自己的父亲，权衡之后，他最终决定放弃留在无线电厂的机会，回重庆继续深造。

陶晓光此后把"追求真理做真人"作为自己的座右铭，果然受用终身。

后辈做事从不打陶行知的旗号

陶行知的孙女陶铮表示："祖父是名人，可陶家上上下下都没沾上什么光。祖父很有名气，但父亲对此说得很少。"陶铮说，祖父是伟大的教育家，他的一生提出了很多影响深远的教育理念，父亲陶晓光花费大量精力整理出版了陶行知全集，得到了四万多元的稿费。

这在20世纪80年代,可是一大笔钱,但父亲和几位兄弟商量,将所有稿费分两次捐献给了中国陶行知研究会基金会。同时,还让几位孙辈写下书面保证,支持他们捐款的行动。陶铮表示:"父亲一直警告我们,做任何事情都不能打着陶行知的名号,凡事都得靠自己。"

陶铮退休前是位中学教师,她从未想过要用祖父的名气谋取任何东西,在中学教师岗位上默默无闻地忙碌了30多年。她说:"宣传、弘扬祖父精神是我的责任,也是生活和生命中的一部分。"为此,她退休之后开始学习电脑,把祖父给亲人的228封书信全部储存进电脑,并且搜集了伯父、父亲、叔父各个时期所写的纪念文章,以及祖父的名言名句,约几十万字。陶铮希望自己祖父的伟大精神与家风可以为社会长久地做出贡献。

(摘自《扬子晚报》,有改编)

彭德怀 茄子不开虚花,真人不讲假话

彭德怀元帅一生坦荡无畏,求真务实。他没有子女,所以收养了弟弟彭金华烈士的女儿彭梅魁,并对她视如己出,两人长时间生活在一起。在这段时间里,元帅诚信朴实、坦荡坚定的品德时时刻刻影响着彭梅魁,让她明白了很多为人处世的道理。

一生耿直不说假话

中华人民共和国成立以后,彭德怀被授予了元帅军衔,并担任过很多重要职务。但是他始终不忘自己为人民服务的理想,坚持做"人民的儿子",时时刻刻为百姓着想。

1958年,全国很多地方都受到了"浮夸风"的不良影响,许多农村的领导干部大搞"放卫星",乱报粮食产量,大家比赛吹牛,好像谁吹得凶、吹得狠,他们的粮食就真可以被吹丰收了。一时间"牛皮"的影响力甚至大过农业科学。对此,彭德怀忧心忡忡。

为了搞清楚真实情况,彭德怀回到故乡,针对农业收成的情况进行了调查。在某县,县委书记老王告诉彭德怀:"我们这里的粮食每亩最多打800斤。"

彭德怀是农民出身,平时也经常和农民、农业专家打交道,他知道老王对他说了实话。所以他表扬了老王,夸他是说实话的好干部。

后来，彭德怀来到了自己的故乡——湖南湘潭乌石公社。在这里，他看到了一幅悲惨的画面：田地里空无一人，稻谷被撒得遍地都是，大片红薯烂在地里无人收割。这让彭德怀痛心极了。

这时当地的一个大队干部却眉飞色舞地跑来，向彭德怀报喜："大队粮食放了个大卫星，平均亩产达到3000斤……"

彭德怀皱着眉头听这位干部"报喜"，同时打量着周围群众的表情。

等到干部说完之后，彭德怀转头问大家道："我真的没想到家乡的粮食产量能翻几番，可是，真有平均亩产3000斤的卫星吗？"大家哄然一笑。

彭德怀又转向了那个干部，严厉地说："你别瞎吹了！我刚才看过了田里，你们的禾苗插的是板板寸，一兜禾只有拇指粗。这种粮食能打3000斤？有300斤就不错了！"

接着，彭德怀又让大家一起算一笔账：如果按照亩产3000斤来算，除掉种子、公粮和超产粮，每个社员的平均口粮应该是1000多斤。

"你们去翻仓库，看看还有这么多粮食没有？"彭德怀严厉地质问道。

那个干部被质问得汗流浃背，站在那里不知道该说什么好。彭德怀看到他的窘态，也有点于心不忍了，就把他拉到一边说："我们共产党人靠实事求是吃饭，可不能弄虚作假，粮食要高产，但不是靠吹牛吹上去的，强迫命令可搞不得，群众会造反的呀！"

当晚，彭德怀奋笔疾书，写下了《故乡行》："谷撒地，薯叶枯。青壮炼铁去，收禾童与姑。来年日子怎么过？我为人民鼓与呼！"

对彭梅魁的真挚教诲

彭德怀在搬出中南海以后,住到了挂甲屯吴家花园。彭德怀刚入住的时候,整个住处十分荒凉败落,面对这样的景象,彭德怀不顾年事已高,亲自劳动,不仅平整土地开荒种菜,还挖了一个小池塘养鱼种藕,硬是把一个破败不堪、草木凋敝的荒园改造成一个真正的花园。

梅魁看到伯父年纪大了劳动有些吃力,非常心疼,便劝他说:"你不能这样不顾身体啊!"

彭德怀却不以为意:"孩子,我需要劳动,而且,现在咱们的国家这么困难,我暂时不能为党和人民工作,那至少也要为人民减少一些负担啊。"

彭德怀住的地方生活非常困难,这儿的老百姓世世代代都只能打井取水,很多时候不得不饮用那种又苦又涩的碱水,为此彭德怀把自己院子里的水接到了街上,让家家户户都用上自来水了。老乡们住的房子很多都是土坯垒的,每逢阴天下雨总有人家的屋子会漏水。面对这种情况,彭德怀戴起草帽,卷起裤腿,走街串户去拜访老乡,如果有人家漏水,他就把房子有危险的人家安排到自己院里来住。谁家的孩子病了,他总要去看看;谁家的孩子结婚,他就跑去祝贺;谁家老人去世,他也要去悼念……伯伯这种关心群众的行动,使梅魁受到了很大的教育。

一天,彭德怀带着梅魁走到院子的墙根下,指着墙外的一棵树问她:"梅魁,你看这树为什么没有叶子?"

彭梅魁知道是因为老乡生活困难,把树叶打下来吃了。可是,又不知道怎样回答才好,只好望着伯伯,不开口。

走了几步,彭德怀又问:"你们厂里有没有人得浮肿病?"彭梅魁说:"没有。"她其实没敢告诉伯伯实话。

彭德怀看出了彭梅魁的顾虑,于是把她带到了自己的茄子地里，指着正在成长的茄子对彭梅魁说："茄子不开虚花，真人不讲假话。"然后又用手指着自己的前额说："我这个老头子一辈子都在追求当真人，不说假话。我要实事求是，坚持真理。梅魁啊，我希望你长大以后，不要追求名利，搞那些吹牛拍马、投机取巧的事。要做老实人，心里装着人民，时刻想到人民的疾苦啊！"

对于伯伯的教导，彭梅魁感动得热泪盈眶。她激动地说："伯伯，我一定向您学习，不说假话。"

邹承鲁 探寻科学和真理重在诚信

著名科技杂志《自然·中国之声》曾经刊载过一篇关于中国科技管理体制的文章，此文一出，立即在我国科技界引起巨大反响。这篇题为《中国科技需要的根本转变：从传统人治到竞争优胜体制》的文章是由三位著名学者撰写的，中国科学院院士邹承鲁是作者之一。三位学者直率地指出，中国科技发展还有根本的体制问题没有解决：中国科技管理目前仍然停留在"人治"阶段，社会和科技界的"人际政治"在多个层面起重要或主导作用,而科技的专业优势在现有体系不能发挥合适的作用。邹承鲁因发表此篇建议改革中国科技体制的文章而再受瞩目。

追求真理无所畏惧

"努力追求科学真理,避免追求新闻价值",是邹承鲁一生做学问所遵循的基本原则。然而无论他怎样低调,也无法不成为"新闻焦点"。在后辈的心目中,他是科学斗士与真理卫士的完美结合。

从20世纪60年代参与牛胰岛素人工合成的辉煌,到65岁至70岁"青春再现"的第二个学术高峰,邹承鲁始终站在中国生物化学研究的前沿。及至晚年,他更因疾呼坚守科学准则而成为中国科学界仰望的道德标杆。

邹承鲁已经意识到科技管理体制弊端引发的学术道德滑坡。他两次联合其他院士,在报纸上倡议讨论"科研工作中的精神文明",呼吁尽早出台科学道德规范。此后,针对科学家为核酸保健品做商业广告、留学归国人员夸大学术成果、企业虚夸"5年克隆全部人体器官"、院士涉嫌论文数据造假等学术不端行为,邹承鲁不顾年迈体弱,一次次披挂上阵,为净化学术空气擂鼓呐喊。

作为中国科技界良知的代表,邹承鲁以自己的言行赢得了广泛的赞誉和尊重。中科院院长路甬祥在看望邹承鲁时动情地说:"邹老,您不断讲科学道德、不断讲重视基础研究……尽管有人听了不高兴,不要去理他,还是要讲。"

邹承鲁坦言:"或许很多旁观者认为,我对科技界的现状一定很失望。实际上,我还是充满了希望的。"

在最近几年,邹承鲁更为所知的是他在浮躁的中国科学界,勇敢地站出来,与科学造假进行斗争,倡导科学道德的行为。

他曾40余次撰文在报纸和杂志上发表关于维护科学尊严,反对不正之风等问题的意见。在国际上有影响的生化丛书《综合生物化学》中,作为中国入围的唯一一名生物化学家,邹承鲁在书中的自传中写道:"由于我国科学界长时期以来与国际科学界隔绝,很多人对国际上一些习惯做法并不了解,因此充分重视有关科学道德问题在国际上的一些习惯做法,对我国科学走向世界是绝对必要的。在这些问题上以身作则,并经常教导学生,是有经验的科学家不可推诿的责任。"

他同时具体地列出了"伪造数据""剽窃他人成果""一稿两投或多投""强行署名"是科学不道德的几个表现。

像这些得罪人的事情,还是由我来做

年过八旬的邹承鲁仍在考虑开创新的研究领域。"只要头脑还清醒,他就愿意多做事。"在邹承鲁身边做秘书已经有13个年头的刘江红说,这些年来,邹承鲁始终坚持到研究所全时上班,即使是发现患淋巴癌后,只要走得动,他还是会坚持去半天到一天。

"邹先生是很坚强的人。"刘江红说,9次化疗对邹承鲁的损伤很大,中间还摔过两次,大小手术很频繁。"等再能坐起来的时候,他的腿上已打了5个钢钉。就在这种情况下,他还是坚持拄着拐杖行走,而且没叫过一声疼。这让医生都非常惊讶。"

有记者曾因为报道的事向邹先生请教,电话打过去,他在那头说:"我刚从医院回家,这回看来是真病了。"可是从语气中,很难听出说话的是一个病重的老人。后来他还在网上发表了《必须严肃处理学术腐败事件》。文中提到:"几个月以前,当某一位院士的问题开始在媒体曝光的时候,我曾通过学部给中国

科学院学部道德建设委员会主席写过一封私人信件,我认为,科学院有责任处理院士的问题,要求科学院学部道德建设委员会就此事件进行调查,如果属实,应予以严肃处理。几个月以来我一直在等待,但迄今为止,没有看到这件事的任何处理结果。"邹承鲁告诉学生,"像这些得罪人的事情,你们可能不愿花时间去管,还是由我来做。"

（摘自人民网科技频道专题《邹承鲁：霜天孤鹤舞清音》）

名人名言：

人而无信,不知其可也。——孔子

行友善天下同

习仲勋 雪中送炭唯吾愿

习仲勋长期担任党和国家领导职务,在工作上他实事求是、公正无私、作风严谨、清正廉明,在家庭生活中他既是一位温柔体贴的好丈夫,又是一位慈祥而严格的好父亲。他与夫人齐心风雨相伴,对孩子言传身教,用一言一行影响着家人。

习远平深情回忆父亲

习仲勋的第三子习远平曾经深情地写过一篇怀念父亲的文章。文中写道：他老人家走过的这百年，是中国扭转乾坤、翻天覆地的百年。这百年的中国历史太丰富了，他的人生历程也太丰富了。我看不尽，听不够，也享用不完。我只能在我的思念中寻找，寻找他老人家在我一生中留下最深烙印的东西。

习远平回忆说，少儿时，父亲就教育他们：对人，要做"雪中送炭"的事情。他还不止一次写给孩子们："雪中送炭唯吾愿。"

"雪中送炭"的待人情怀不但贯穿了习仲勋自己的一生，也从小给子女们树立了一生待人的准则。习仲勋的一生经历了很多常人忍耐不了的困难，在他蒙受冤屈的那段日子里，习仲勋历经了无数的坎坷与磨难，却始终无怨无悔，从未改变对党和国家那深沉的爱。而在复出之后，习仲勋立刻投入到了忘我的工作中去。可以说，习仲勋一生都在"雪中送炭"，他不停地谦让着、忍耐着、承担着，为了自己深爱的国家和民族坚持着，而该他挺身而出的时候，他从来没有半分犹豫。

习仲勋曾经由衷地说："我这个人呀，一辈子没整过人。"而这一点，正是一种最伟大的"雪中送炭"。在中国共产党成长的漫长岁月中，也走过一些弯路，经历了一些坎坷，但是习仲勋不管自己处在什么位置，都绝不去"整人"。当他遇到污蔑，遭到批判，习仲勋能揽过来的就坚决揽过来，宁可一个人承担责任，也绝不牵连他人。他曾说："我身上的芝麻，放在别人身上就是西瓜；别人身上的西瓜，放在我身上就是芝麻。"很多人听了这话都流下了眼泪。习仲勋的这种做法无形中帮助很多人挺过了那段艰难的岁月。"不整人"可以说是习仲勋一生坚守的信条，也是他最伟大的"雪中送炭"。

教育儿女要"夹着尾巴做人"

作为党和国家的第一代领导人,习仲勋完全可以享受到很多特权,但是他从来都没有这么做。相反,习仲勋始终都坚持着几乎"不近人情"的持家理念,要求子女必须"夹着尾巴做人"。其家风之严,让很多人都肃然起敬。

习仲勋的儿子习正宁在"文革"以前就考上了中国科技大学,是一位自动控制专业的高才生。习正宁毕业后被学校分配到了陕西的一家国防科研单位工作,默默耕耘了13年。在党的十一届三中全会以后,解放军后勤学院求才若渴,面向军内外广泛选调高水平的技术人才,而由于习正宁各方面都很出色,很快就通过了院方考察,并迅速办理好了调动的手续。

但是,在习正宁收拾好行囊即将去报到的时候,习仲勋却和学院进行了沟通,将调令撤回,阻止了儿子的报到。对此,习正宁起初有些难以理解,他觉得这种工作调动是正常的,完全是靠自己的能力来实现的,并没有依托父亲的关系走后门。但是,习仲勋思考得要比儿子更远。虽然他深知儿子当年受到自己的牵连,毕业才被分配进了陕西的山沟里,但是他还是让陕西党委做了工作,让儿子留在了原单位。毕竟,"文革"后的共和国百废待兴,很多人才都在错误的岗位等待任用,更多没有背景和靠山的人才需要获得安置。习仲勋说:"不能让人说我习仲勋刚刚恢复工作就调儿子回北京,如果那样做会影响党在群众中的威信。"

正是由于习仲勋的严格教育以及家庭的耳濡目染,他的子女都自立、自强,无论是在逆境中还是在顺境中,都经受住了考验,成为党和国家的有用之才。

莫言
难忘母亲的宽容善良

在2012年诺贝尔文学奖颁奖台上,文学奖得主莫言发表了文学演讲,他的演讲开篇就提及了他的母亲。他用诚恳朴实的话语,回忆了虽不识字,却给予他珍贵精神财富的母亲。宽容、善良、坚强,这些听起来简单的做人道理,却值得每个人静心思量一番。

宽容地待人待己

莫言记忆中最早的一件事,是提着家里唯一的一个热水瓶去公共食堂打开水。因为饥饿无力,失手将热水瓶打碎,他吓得要命,钻进草垛,一天没敢出来。傍晚的时候,莫言听到母亲呼唤他的乳名,他从草垛里钻出来,以为会受到打骂,但母亲没有打他也没有骂他,只是抚摸着他的头,口中发出长长的叹息。

莫言小的时候长相丑陋,村子里很多人当面嘲笑他,学校里有几个性格野蛮的同学甚至为此殴打他。莫言回家后向母亲哭诉。母亲对他说:"儿子,你不丑,你不缺鼻子不缺眼,四肢健全,丑在哪里?而且只要你心存善良,多做好事,即便是丑也能变美。"后来莫言进入城市,有一些很有文化的人依然在背后甚至当面嘲弄莫言的相貌,但是莫言想起了母亲的话,就心平气和

地向他们道歉表示自己碍到了对方的眼。

　　莫言在演讲中提到自己幼年时期跟着母亲去集体的地里捡麦穗，被守麦田的人发现了，他的母亲被那个身材高大的看守人打了一个耳光。莫言看到母亲无力反抗跌倒在地，嘴角流了血，那沮丧无助的表情让他刻骨铭心。多年之后，在集市上碰上了已经变成白发苍苍的看守人，莫言想冲上去找他报仇时，却被母亲一把拉住，平静地说："儿子，那个打我的人，与这个老人，并不是一个人。"

　　莫言在演讲中还提到儿时中秋节的一件事：中秋节当天难得家中包了一顿饺子，且每人只有一碗。一个乞讨的老人来到家门口，莫言端起半碗红薯干给那乞者，乞者有些不满，莫言气愤地说："我们一年也吃不上几次饺子，一人一小碗，给你红薯干就不错了！"听莫言这样说，他的母亲制止并训斥了他，然后端起自己的半碗饺子倒进老人的碗里。

坚强与诚信的母亲

莫言最后悔的一件事，就是跟着母亲去卖白菜，有意无意地多算了一位买白菜的老人一毛钱。算完钱莫言就去了学校。当莫言放学回家时，看到很少流泪的母亲泪流满面。母亲并没有骂他，只是轻轻地说："儿子，你让娘丢了脸。"

从那以后，莫言再也不敢做出任何不诚信的行为，他不忍心再看到母亲流泪的样子。

莫言的母亲不识字，但对识字的人十分敬重。莫言小的时候家里生活困难，经常吃了上顿没下顿。但只要莫言对母亲提出买书买文具的要求，她总是会满足儿子。母亲是个勤劳的人，讨厌懒惰的孩子，但只要是莫言因为看书耽误了干活，她从来没批评过孩子。

莫言在演讲中讲到母亲患病的一段经历：由于饥饿、病痛和劳累，母亲患了严重的肺病，这立即使他们这个家庭陷入困境，看不到光明和希望。面对变故，母亲平静地说："孩子，你放心，尽管我活着没有一点乐趣，但只要阎王爷不叫我，我是不会去的。"在这个人口众多的大家庭中，劳作最辛苦的是母亲，饥饿最严重的也是母亲，但是他的母亲在饥肠辘辘、疾病缠身地劳作时，嘴里仍然哼唱着小曲。

莫言母亲的坚强，给幼年的莫言留下深深的心灵震撼，也成为他以后面对生活时强大的精神支柱。

范仲淹
一生为民无怨无悔

北宋名臣范仲淹的一生并不顺利，不仅颠沛流离戍守边关，还多次被自己的同僚诋毁，仕途非常坎坷，他的同学、朋友甚至是老师对他也是毁誉参半，争议很多。但是，范仲淹生前的口碑并未能影响他身后的清名，他死后的千百年来，无论是学者还是百姓，都给了他极高的评价，朱熹评论他是"有史以来天地间第一流人物"；清代袁枚则称他是"黄阁风裁第一清"。这种反差与范仲淹生活的时代社会风气的不正常有关，但最终的"正名"是与范仲淹一生为民无怨无悔的高洁风骨分不开的。

划粥断齑以天下为己任

范仲淹从小不仅天资聪颖，而且学习非常用功。他为了考取功名，专程前往家乡附近长白山上的醴泉寺寄宿读书。每天清晨，天刚蒙蒙亮，他就起床用功读书，一直到晚上睡觉前才停止。他这种苦读不懈的精神，给寺里的僧人都留下了深刻的印象。那时候，范仲淹的生活非常艰苦，根本吃不起干饭和肉食，

先天下之忧而忧

后天下之乐而乐

每天只能煮一锅小米稠粥，等粥冷却下来凝结以后，他就把粥划成四块，早晚各取两块作为主食。而副食更是简单，切几根腌菜，调一点醋汁，就着稠粥就是一顿饭，范仲淹只求吃完继续读书。

后世对范仲淹的这种朴素发奋的精神非常敬仰，因此也成就了他"划粥断齑"的美名，这里的"齑"指的就是腌菜。但范仲淹对这种清苦生活却毫不介意，而是用全部精力在书中寻找着自己的乐趣。

多年的苦读造就了一个渊博而睿智的范仲淹，更塑造了他慨然以天下为己任的理想。幼时的苦难人生，塑造了范仲淹一生为国为民的伟大情怀。

后来，范仲淹成功考上了进士，担任了"秘阁校理"这一职务。由于范仲淹学识广博，精通"六经"，因此很多学者都来请教他经书方面的问题，而他也毫不藏私，悉心为之讲解。对于上门拜访求教的各种游学者，范仲淹都是一视同仁，友善以待，他会拿出自己的俸禄来招待这些人。以至于他的儿子有时没衣服，都会穿着那些游士的衣裳外出，但是对此范仲淹丝毫不以为意。

范仲淹生性乐善好施，无论是贫穷的亲戚找到他，还是说虽无亲戚关系但十分贤良的学者来求助，他都会毫不吝啬地施以援手。在范仲淹取得功名以后，他照顾自己亲族中生活困难、家境贫寒的人长达二十年。

范仲淹在成为高官以后也像其他官员一样，大规模地购置良田。但是，他购买良田并不是为了当地主发大财，而是将这些田地作为"义田"交由族人耕种。他用这种方式帮助族人实现"每天有饭吃，每岁有新衣，婚娶凶丧有补助"的理想。与此同时，他也从族里选出了一位年老而贤能的人，负责田地的监督和出纳。

范仲淹在担任饶州城知州的时候，发现这座城市存在着很多问题：饶州水域密集，水上交通非常发达，因此成为一座商业重镇，商贾云集。但是由于前几任知州管理不善，饶州城不仅管理混乱，街道上也存在着很严重的脏乱差问题，甚至经常发生冲突与火灾，市井之内，污水横流。城里的百姓很多都在为此而担忧。由于问题积攒得太久，即使是范仲淹之前的知州想管理，却也力不从心了。

不过，范仲淹上任后却使这种情况出现了改观。范仲淹积极深入民间进行调查，很快就发现了各种问题的原因，于是接下来他就有针对性地开展了一系列治理措施：首先，他下令立即疏通沟渠，将市内的脏水引入郊外。为了这项工程，他日夜操劳，亲自到工地监督，一个月之内就把城内桥下的沟渠全部疏通，使整个城市的风貌焕然一新。而为了防止火灾发生，范仲淹下令在城内挖了很多口水井来预防火灾。到今天，饶州府的遗迹鄱阳镇的很多古井都是那个时候挖的。

伟大风骨传承后代

范仲淹不仅自己忠国爱民，对儿子的教育也非常严格，督促他们为国家和百姓做出自己的贡献。而他的四个儿子也没有辜负父亲的期望，都兢兢业业地为国家和民族做着自己的贡献。

《宋史》记载，长子范纯祐，"事父母孝，未尝违左右，不应科第"，范纯祐为了照料父母寸步不离，连公务员也不去考。史官评语：孝。

次子范纯仁，他后来做了很大的官，但是并没有出现高高在上的官僚主义。他曾在太后帘前劝诫："我大宋朝要厚道，要宽容，不要因为一两句话就贬谪官员。"又打报告给哲宗，认为君臣犹如父子，不要太计较臣子，不要置之于死地。史官评语：宽。

三子范纯礼，徽宗年间任开封府府尹。那时候，开封有个市民不知道哪根筋搭错了，做了个桶子戴在头上，逢人就问："我像不像刘备？"平民百姓在那个时代说自己像帝王，那是绝对的重罪。几个开封市民把这个自称刘备的倒霉蛋送交到开封府，要求严肃处理。对此，范纯礼只是叹了口气说："如果因此治罪，实在是辜负上天的好生之德，算了吧，板子也别打了，找个先生教育一下就好。"史官评语：仁。

四子范纯粹，看到自己的同僚搜刮民膏，他很无奈："这些人怎么能忍心随便乱占百姓的财产呢？"后来，当他升任京东转运使拥有了一定的权力，就立刻将那些搜刮民财的项目全部废除。史官评语：慈。

范仲淹的四个儿子具备了孝、仁、慈、宽四项素质，这样的品质，与范仲淹的言传身教是分不开的。范仲淹的家风也值得当代人积极学习。

名人名言：
不就利，不违害，不强交，不苟绝，唯有道者能之。——王通